科学年少

培养少年学科兴趣

无知的怪物

[西] 乔治·玻利瓦尔 著

朱彦 译

CS K 湖南科学技术出版社 · 长沙

图书在版编目(CIP)数据

无知的怪物 /(西)乔治·玻利瓦尔著；朱彦译 . -- 长沙：湖南科学技术出版社，2024. 9. -- ISBN 978-7-5710-2972-2

Ⅰ .P1-49

中国国家版本馆 CIP 数据核字第 20244JA463 号

湖南科学技术出版社获得本书中文简体版独家出版发行权。

著作权合同登记号 18-2023-166

WUZHI DE GUAIWU
无知的怪物

著者
[西]乔治·玻利瓦尔

译者
朱彦

科学审校
刘丰源

出版人
潘晓山

责任编辑
杨波

出版发行
湖南科学技术出版社

社址
长沙市芙蓉中路一段 416 号泊富国际金融中心

http://www.hnstp.com

湖南科学技术出版社
天猫旗舰店网址

http://hnkjcbs.tmall.com

印刷
长沙市宏发印刷有限公司

厂址
长沙市开福区捞刀河大星村343号

版次
2024 年 9 月第 1 版

印次
2024 年 9 月第 1 次印刷

开本
880mm×1230mm 1/32

印张
4.5

字数
50 千字

书号
ISBN 978-7-5710-2972-2

定价
35.00 元

推荐序

北京师范大学副教授　余恒

很多人在学生时期会因为喜欢某位老师而爱屋及乌地喜欢上一门课，进而发现自己在某个学科上的天赋。就算后来没有从事相关专业，也会因为对相关学科的自信，与之结下不解之缘。当然，我们不能等到心仪的老师出现后再开始相关的学习，即使是再优秀的老师也无法满足所有学生的期望。大多数时候，我们需要自己去发现学习的乐趣。

那些看起来令人生畏的公式和术语其实也都来自于日常生活，最初的目标不过是为了解决一些实际的问题，后来才逐渐发展为强大的工具。比如，圆周率可以帮助我们计算圆的面积和周长，而微积分则可以处理更为复杂的曲线的面积。再如，用橡皮筋做弹弓可以把小石子弹射到很远的地方，如果用星球的引力做弹弓，甚至可以让巨大的飞船轻松地飞出太阳系。那些看起来高深的知识其实可以和我们的生活息息相关，也可以很有趣。

"科学年少"丛书就是希望能以一种有趣的方式来

激发你学习知识的兴趣，这些知识并不难学，只要目标有足够的吸引力，你总能找到办法去克服种种困难。就好像喜欢游戏的孩子总会想尽办法破解手机或者电脑密码。不过，学习知识的过程并不总是快乐的，不像玩游戏那样能获得快速及时的反馈。学习本身就像耕种一样，只有长期的付出才能获得回报。你会遇到困难障碍，感受到沮丧挫败，甚至开始怀疑自己，但只要你鼓起勇气，凝聚心神，耐心分析所有的条件和线索，答案终将显现，你会恍然大悟，原来结果是如此清晰自然。正是这个过程让你成长、自信，并获得改变世界的力量。所以，我们要有坚定的信念，就像相信种子会发芽，树木会结果一样，相信知识会让我们拥有更自由美好的生活。在你体会到获取知识的乐趣之后，学习就能变成一个自发探索、不断成长的过程，而不再是如坐针毡的痛苦煎熬。

曾经，伽莫夫的《物理世界奇遇记》、别莱利曼的《趣味物理学》、伽德纳的《啊哈，灵机一动》等经典科普作品为几代人打开了理科学习的大门。无论你是为了在遇到困难时增强信心，还是在学有余力时扩展视野，抑或只是想在紧张疲劳时放松心情，这些亲切有趣的作品都不会令人失望。虽然今天的社会环境已经发生了很大的变化，但支撑现代文明的科学基石仍然十分坚实，建立在这些基础知识之上的经典作品仍有重读的价值，只是这类科普图书数量较少，远远无法满足年轻学子旺盛的求知欲。我们需要更多更好的故事，帮助你们适应时代的变化，迎接全新的挑战。未来的经典也许会在新出版的作品中产生。

希望这套"科学年少"丛书能够帮助你们领略知识的奥秘与乐趣。让你们在求学的艰难路途中看到更多彩的风景，获得更开阔的眼界，在浩瀚学海中坚定地走向未来。

目　录

献给我的侄子和侄女们：

　　阿尔瓦罗、巴布罗、乔治、贡萨洛、亚历山大、阿德里亚娜，还有丹尼拉和宝拉。

　　感谢你们让我学会理解儿童。

第一部分：宇宙起源和进化的秘密

板凳太高了，四个人的脚都悬了起来。佩德罗、安德烈斯、法蒂玛和艾尔维拉在校长办公室前等待时，他们像秋千一样摆动着双脚。

"你觉得奖品会是什么？"安德烈斯若有所思地问道。

"也许是一本很厚的书，上面有很酷的图片。"艾尔维拉如此提议。

佩德罗则说："也许是每个人一台笔记本电脑。"他憧憬着自己在那台电脑上玩游戏。

"我可不这么觉得，"法蒂玛一如既往地认真推理，"笔记本电脑太贵了。我们只不过在一次考试中取得了好成绩！"

"是的，但这是整个自然科学课中最难的考试呀！"安德烈斯不耐烦地反驳道，"他们答应了的，会给成绩很好的学生一个惊喜！"

"好啦好啦，别吵了。他们会马上告诉我们的。"

艾尔维拉说道。

于是他们安静了下来。这些好奇奖品是什么的孩子们忍不住想咬指甲，现在他们正等待着收获的时刻。

他们感觉时间仿佛停止了，过了片刻，自然科学老师从门外探出，他有一头白色的长发。

"可以进来了，孩子们。"他睁大眼睛微笑着宣布。

这位老师的名字叫阿尔贝托，大家都很喜欢他，虽然他教的东西很难，但他总是乐呵呵的，时不时吐舌头，或者骑着自行车在校园里转来转去，而且他讲课讲得非常精彩。

孩子们从板凳上跳下来，走进了校长办公室。他们终于要知道奖品是什么了！

"你好。"玛丽娅校长向他们打招呼。玛丽娅是一位严谨的年轻女子，几乎总是穿着黑色或灰色的衣服，看起来很拘谨。不过幸运的是，她有时也很亲切。"祝贺你们四个人在一年中最难的考试里取得了很好的成绩。正如我们所承诺的，现在你们可以来看看奖品是什么了。"

"我猜是一本图文并茂的厚厚的书！"艾尔维拉大叫道，激动得几乎要拍起手来。

"我觉得是笔记本电脑！"佩德罗跟在后面热情地跳着。

玛丽娅微微一笑："不，还差得远呢，是——"

空气中弥漫着兴奋和期待。

"那就是——"校长继续用很慢的语速说道。

"说吧，好紧张呀！一口气说出来吧！"四个人翘首以盼。

"郊游！"校长终于说出来了。

郊游？奖品就是一次郊游吗？真的吗？四个人面面相觑，有些失望。

安德烈斯看着法蒂玛，法蒂玛看着佩德罗，佩德罗看着艾尔维拉，然后艾尔维拉看着安德烈斯。"郊游？真是胡说八道，对吧？"他们似乎在对彼此这么说。

此时满头白发的阿尔贝托惊呼道："这可不是一次普通的郊游！你们要去的是一个以前任何人都不被允许进入的地方。"

这似乎让孩子们高兴了一点，他们开始觉得自己要当探险家，既紧张又刺激。

"在什么地方？"四个人中最大胆的艾尔维拉问道。

"一个洞穴。"校长微笑着对艾尔维拉说，"但这不是一个普通的洞，我们将进入一个神奇的洞穴。"

这么一来，孩子们都说不出话了。他们怎么也想不到，这次是去到一个没有人去过的神奇洞穴。

安德烈斯问："那里会有蜘蛛吗？"他很讨厌蜘蛛。

法蒂玛则担心地说："里面很黑吗？"她不喜欢黑暗的地方。

"我们要不要带上登山绳？"佩德罗问道。他总是喜欢像一只松鼠一样疯狂地爬树。

阿尔贝托向他们解释道："这是一个美妙的洞穴，和所有洞穴一样，可能会有昆虫或蜘蛛，而且很黑。但不用害怕，我们会带上手电筒。校长玛丽娅和我会跟你们一起去。你们怎么没有听说过呀，这可是一个神奇的洞穴呀。"

"有什么神奇的呢？"艾尔维拉问道。

穿着黑裙子、脸上半露微笑的校长回答道："我们要去的洞穴只有一个入口，但有很多出口。其中每一个出口都通向世界的不同部分。几乎不用远出旅行，我们就能用双眼探索和发现美妙的事物。所以说它是一个神奇的洞穴，因为它的出口能一下子通往世界上的某一个地方。当我们站在每个出口前面时，只需要念出一个特殊的词。当我们想要返回洞穴时，也必须再次念出同样的词。"

"什么词？"安德烈斯问道。

"到时候你们就知道了。"阿尔贝托回答道。他又神秘兮兮地吐了吐舌头说："对了，我们明天再出发，现在大家回家吧，准备好背包，今晚睡个好觉，明天一早我们就坐公交车去那个洞穴，好吧？"

孩子们都点了点头。

"当然，我必须警告你们一件事。"似乎有些担心的玛丽娅校长指出，"以前从来没有人进入过那个洞穴，因为有人说里面封印着某种奇怪的危险。那里也许住着一个可怕的生物，毫无规律地从一个地方跳到另一个地方。我不认为这是真的，但以防万一，我们得勇敢点，好吗？"

佩德罗、安德烈斯、法蒂玛和艾尔维拉面面相觑，充满疑惑。就看谁是第一个被当作胆小鬼的人吧！于是孩子们都挺起胸膛，摆出一副勇敢的姿态。

"别担心！洞里面应该没有毛茸茸的怪物！"自然科学老师阿尔贝托喊道，"明天见，我们会玩得很开心的！"

第二天，他们来到了洞穴面前。洞口看起来并不起眼，处于一棵树都没有的光秃秃的山上。这个洞口很宽，他们可以轻松地穿过它。

校长玛丽娅问大家："东西都带了吗？水、手电筒、绳子、三明治和结实的靴子？"

"还有手电筒的备用电池呢？洞里可能很冷，我让你们带上的厚套头衫呢？"阿尔贝托补充道，他的白发在风中飘扬。

两个男孩和两个女孩都点点头，他们有点害怕，但同时对这次冒险感到非常兴奋。"我们都带了。"他们异口同声说道。

"我还带了一把大剪刀，可在必要情况下使用。"玛丽娅回道。

"好吧，我们准备得十分充分。来吧，前进吧！"阿尔贝托下令道。

洞内散发着霉味和苔藓味。随着他们一路前进，天色越来越暗，墙壁也越来越窄。地面有点滑，他们走在

无知的怪物

上面必须很小心。有的地方，他们举起手几乎可以摸到洞顶。在一个拐角处，山洞变成了一条通道，那里真的很黑。

阿尔贝托老师建议道："打开手电筒。"

玛丽娅校长则要求大家都别和队伍走散了。

孩子们都乖乖照做了。那个通道有点吓人，洞顶上挂着某种尖刺，地面上也有类似的尖刺，好多是倒着生长的。

"这些尖刺被称为钟乳石和石笋，"阿尔贝托解释道，"钟乳石是悬挂在天花板上的尖刺。石笋是从地面升起的尖刺。你们可能觉得不可思议，其实它们都是由水滴形成的。每一滴水都含有一点矿物质或溶解的岩石，每次滴落时，都会在它滴落的地方留下一些微小的石粉。这个量非常小，但是经过几百年的时间，很多水滴在同一个地方落下，石粉堆积起来，逐渐硬化，变成了钟乳石，也就是这些悬挂在天花板上的长矛。"

"那么石——石笋呢？"爱追问的艾尔维拉差点被这个词噎到。

"石笋也是一样的，只是它们是向上生长的，因为

无知的怪物

水滴总往地面的同一个地方落下。大自然是很有耐心的，它做一件大事的时候非常缓慢，时常我们无法用肉眼看到那些变化。"玛丽娅一边解释，一边留意着走路的方向，以免跌倒。"比方说这个洞穴，以及几乎世界上所有的洞穴，都是由流淌在山中的非常细小的河流所形成的。水一点一点地，非常耐心地划过石头，最终使洞口变得越来越大，过了很多很多年，便形成了一个洞穴。"

阿尔贝托说："你们看大自然多有耐心，它甚至可以创造出群山。"

"一座山是怎么形成的？"佩德罗饶有兴趣地问道。

"你们想一想，"科学老师解释道，"地球的内部非常热，连石头都能熔化。我们行走的大地看起来很坚硬，对吧？但实际上它飘浮在地球内部那些熔岩上。地壳移动得非常缓慢，当一块地壳与另一块地壳相撞时，它们互相推挤对方，直到变得弯曲，形成山脉。你们可以通过实验来理解这一点。你们想做个实验吗？

"想！"孩子们喊道。

"好，来看吧。"阿尔贝托把一件 T 恤铺在地上，就像铺桌子上的桌布那样。然后他双手按住 T 恤的两头，朝对面挤，直到中间出现一条凸痕。"是的，它们看起来就像山脉一样！真是令人难以置信！"十分惊讶的佩德罗、安德烈斯、法蒂玛和艾尔维拉都鼓起掌来。他们已经知道山是如何形成的了，这要感谢大自然的耐心。在谈论这些之后，他们来到了一堵红墙前。它像一扇门，但没有把手也没有锁，他们几乎要一头撞上了它。

"现在我们来到了神奇洞穴的第一个出口。"校长低声道。她的手电筒指向红墙，反着光的红墙似乎有点发亮了。

"现在是时候说出那个神奇的词，来看看门的另一边有什么了。大家都准备好了吗？那就好，阿尔贝托，来吧！"

阿尔贝托伸出舌头，跳了跳，转了一圈，最后鼓起腮帮子，准备说出那个能打开出口的特殊之词。

孩子们屏住呼吸，眼睛睁得大大的。

阿尔贝托深吸一口气，扯着嗓子喊道："奇迹亚克。"

可喊声过后，什么都没有发生。作为一个神奇的词，"奇迹亚克"似乎并不令人印象深刻。

但是——

无知的怪物

似乎有什么东西变得更亮了，而且那面红色的石墙正在移动。

这并不是说它在朝一个方向移动，而是这块形状如同大门的红石正在熔化。是的！它先是变得像浓汤一样，然后又仿佛火热的液体，接着像是会消失的气体！然后……

然后，红石之门打开了，或者说，它消失了。它已经不存在了，取而代之的是一个有着宽阔而光滑的边缘的洞口。

"成功了！"校长玛丽娅鼓起掌来，她非常高兴地说："我们是第一批使用这个特殊的词，而且是在这个洞穴里找到出路的人，以前从来没有人到过这里！"

佩德罗、安德烈斯、法蒂玛和艾尔维拉探身透过洞口往里看，可在另一边只有黑暗。如果他们就这样进去，也许会掉入一片黑色的深渊。

"你们不会让我爬进去，是吧？"安德烈斯问道，他除了害怕蜘蛛之外，还非常害怕空无的地方。

"它太黑了！"法蒂玛抗议道，她对黑暗有莫名的恐惧。

"安静下来，我先过去吧。"阿尔贝托说道，"如果没有危险，我再叫你们进来。"

话音刚落，他就从神奇的洞中消失了。过了一阵子，什么声音都听不见了。但不久后，一阵响亮而快乐的笑语声从里面传出了。

"你们都进来吧，快点进来，这太壮观了！"

孩子们非常渴望见到阿尔贝托，都争着要进去，其中最好奇也是最强壮的艾尔维拉先溜了进去。当他们到达洞内时，几乎惊讶得目瞪口呆：他们正在满天繁星中悬浮着！他们看起来就像在太空中移动的宇航员，但没有穿太空服。

"你们看到了吗？"阿尔贝托说道，他同时挥舞着手臂来保持平衡，防止倒立起来，"就是这么神奇。第一个出口已经把我们带到了宇宙的某个地方。"

"我们现在离地球很远吗？"安德烈斯想知道这个，因为他担心找不到回去的路。

"我想是的，因为宇宙是巨大的，"阿尔贝托用老师风范的语气解释道，"它如此之大，甚至连光，也就是现知最快的东西，都无法在人一生的时间中穿越整个宇宙。"

"但是，如果能到达宇宙的尽头，我们会发现什么呢？"艾尔维拉对此感到好奇。

"没人能确定，但我们也许不会在宇宙之外找到任何东西，当我们到达宇宙的尽头时，会回到我们出发的地方。接下来我来解释一下这是怎么回事。你们都知道地球是圆的，对吧？"

"当然知道！"孩子们喊道。

"既然地球是圆的，那么当我们离开西班牙，走了很长的一圈之后会怎么样呢？"

"我们会回到出发时的那个地方，也就是说，我们会回到西班牙！"安德烈斯回答道。

"当然，"玛丽娅说，"这就像把一只蚂蚁放在一个足球上，它绕着足球走一圈，最后可以返回原地。蚂蚁可能不知道这一点，但无论它怎么走，都到不了球的尽头，因为球是圆的，没有终点！"

孩子们感到十分惊讶，他们从来没有这样想过。

"有人认为宇宙也是类似的巨大的球，其中包含了所有存在的东西——恒星、行星、所有的生物，还有光，一切的一切都蕴含在宇宙中。宇宙仿佛一个肥皂泡，不过我们要想象一下这是个非常大的泡泡。"

安德烈斯惊奇地看着星星在他身边旋转，觉得这个地方真的很神奇，因为他们不需要宇航服或氧气罐就可以呼吸。现在看来，他们赢得的奖品绝对会是了不起的，比图书好，也绝对比电脑好。当他把这一切告诉他的朋友时该多棒呀！

"那些恒星中有一颗是太阳。"法蒂玛说道，她看着太空中那点缀着星光的黑色幕布，就像她以前在夏天的晚上坐着仰望天空一样。

阿尔贝托表示肯定："那些恒星中确实有一颗是太阳。几乎所有的恒星都散发着光和热，而且是大量的热，如果我们离其中一颗恒星太近，就会像纸一样烧起来。许多恒星还有围绕着它们旋转的行星。有的行星大，有的行星小，有的热，也有的非常冷，这取决于它们离恒星有多远。如果它们离得太远，几乎没有热量到达它们表面，人也就不能在那样总是被冻住的行星上生活。而如

　　　　　　　　　　　　　　　　　　　　　无知的怪物

果离恒星太近，那情况就相反了，行星会变得非常热。"

"那么我们已经很幸运了，"佩德罗感叹道，"虽然夏天有时很热，冬天有时很冷，但地球总体上是温暖而舒适的。"

"我们当然非常幸运，这一点毋庸置疑。"玛丽娅说，"如果地球离太阳再远一点或者近一点，就没有人能够在地球上生活了。"

大家都沉默了一会儿，为自己有地球这样一个与太阳相距得恰到好处的家园感到幸运。然后阿尔贝托说："天空中看起来似乎到处都有星星，但如果你们仔细观察，就会发现其实并非如此，有的区域星星较多，有的区域没有星星，也看不到任何东西。"

他们看到确实如此，有些地方的星星比其他地方的更密集。

他们感到很惊讶，除了佩德罗，他开始有点头晕了。飘浮的感觉可以是愉快的，也可以是难受的，这取决于不同的人。而当玛丽娅看到佩德罗有些不舒服时，她抱住了他，让他更有安全感。

阿尔贝托告诉他们："聚集在一起的恒星被称为星系。

恒星、行星和卫星

当你仰望夜空时，可以看到很多恒星。恒星看起来很小，对吧？但那只是因为它们非常遥远。太阳看起来像一颗很大的恒星，是因为它离我们很近。所有发光的恒星都是巨大的，有些比太阳还要大许多！

恒星是由气体组成的天体，这些气体非常紧密，就像在炉子里熔化了一样。恒星会发出光和热，这是一件幸运的事，你知道为什么吗？因为没有它们，整个宇宙就会变得寒冷而了无生机，没有动物、植物和人，没有任何可见的东西了。所以恒星是宇宙的热源，它带来生命和美丽的事物。

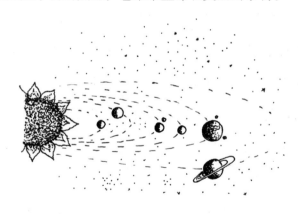

几乎所有恒星都有围绕其旋转的行星。地球是一个围绕太阳公转的行星。有些行星有更小的小型行星附在它们周围，这些小型行星被称为卫星。地球的卫星叫什么？猜一猜吧。给你一个提示：它看起来是白色的，你能在晚上看到它。没错，它就是月球了！

无知的怪物

它们仿佛讨厌孤独，会越聚越近。太阳和地球所在的星系称为银河系。"

"它们聚在一起？"安德烈斯感到好奇，"也就是说星星可以移动？"

阿尔贝托点了点头，非常高兴地欣赏着这个奇观，继续说："自然界的一切都在运动。没有什么是静止的。恒星会运动，还把它们的行星拖着一起移动。地球也随着太阳一起移动。此外地球还围绕着太阳公转。一年是地球绕太阳一圈的时间。同样地，月球也绕地球旋转。你们知道月球绕地球转一圈要多长时间吗？"

孩子们都有点难过地看着对方，因为他们不知道。

"一个月！"阿尔贝托说，"古人把月亮绕地球一圈的时间称为一个月，把地球绕行太阳一圈所需的时间称为一年，很简单！"

"所以你们要知道，宇宙中的一切都在运动。星星的旋转就像在天空中跳舞一样。"玛丽娅补充道，她说得很诗意。

的确如此，在肉眼看来，恒星似乎是静止的。不过有时事情并不像我们第一眼看到时所认为的那样。比如说，如果你看到一只小蜘蛛，它看起来并不像有眼睛，那是因为它们的眼睛非常小。如果我们通过放大镜来看这只蜘蛛，就会发现它可能有八只眼睛！我们的双眼看不清很小的东西，看很远的东西时也是如此。

"恒星可以随心所欲地移动吗？"法蒂玛饶有兴趣地问道。

"哦，不。"阿尔贝托说，"就像父母给小孩定规矩一样，小孩必须刷牙、做作业或者按时睡觉，恒星们也必须遵守一些规则，指引恒星运动的法则称为引力。"

"啊，这个词真奇怪！"安德烈斯说道。

孩子们都点头表示赞同，引力确实是一个的生僻的词。

"好吧，其实它也没有很奇怪。"校长玛丽娅对他们耐心地说，"当一个玩具从你们手中滑落时，会发生什么？"

"它会掉到地上，这多简单呀。"艾尔维拉回答道。

"没错。"玛丽娅继续说，"它是因为引力才会掉落的，因为根据万有引力法则，一切有质量的东西都会相互吸引。质量越大，相互吸引的力就越强。地球很大很重，所以玩具从你的手中脱离，它就会落到地上，这是地球的引力吸引了它！也正因如此，我们很难从地上抬起非常重的东西，一个东西的质量越大，就越不容易离开地面，因为地球对它的引力也越大。"

可孩子们都不是很信服。

"你们想想，"阿尔贝托用一副科学老师的神情说道，"如果自然界没有引力力，我们就会无法正常走路，我们将无法贴在地面上，而是永远地飘浮着，就像现在我们在太空中这样！地球上将是一片混乱！"

这听起来更加有趣了。引力有时会成为一种拖累，比如说当你摔跤时，引力就是导致我们膝盖受伤的罪魁祸首。

"你们喜欢玩蹦床吗？"阿尔贝托突然问道，"当你们跳上蹦床时，蹦床不是会下沉吗？好吧，引力也用类似的方式运行。太空里，所有空间之处，和蹦床一样富有弹性。如果我们在它上面放一个有质量的东西，它就会下沉，当然这要取决于那个东西质量有多大。如果我们放上一瓶水，空间就只会下沉一点点。如果我们把整个恒星放上去，就会产生一个看不见的大坑！这个坑的坡度很大，任何东西在斜坡上都会滚动起来，会被拖到这个坑中。这就是为什么物体之间会相互吸引。引力就是物体在宇宙的蹦床上所沿着滚下去的坑。"

艾尔维拉解释道:"我曾经不小心把我的自行车留在了一个斜坡上,然后它一直滚到下面的街道上。我当时一直追着它跑,特糟糕!"

"没错,"阿尔贝托同意道,"好吧,这就是为什么星星不会随心所欲地移动,它们总是必须沿着引力的那道斜坡滚动,所以它们看起来彼此靠得很近,就像一些非常大的球从一个坑滚到另一个坑。"

突然,所有人都注意到了佩德罗不对劲。

这个脸色苍白的男孩说:"我感觉非常糟糕,我头晕目眩,我想我要吐了!"

现在他们处于在太空中,被群星环绕,这确实会令人感到有点眩晕。

"我想我们最好还是到外面去。"玛丽亚如此决定,并把佩德罗抱得更紧了。

阿尔贝托指出:"必须说出那个神奇的词才能出现红色的门。"

"如果它不起作用呢?"法蒂玛突然说道。她想到要

　　　　　　　　　　　　　无知的怪物

黑洞

恒星也会消亡，它们在大量气体聚集在一起时诞生，然后开始旋转，并因摩擦而变热，当燃烧掉所有气体时，它们就会消亡。这就像汽车的油用完了，或者平板电脑的电池没电了！恒星在消亡时会经历几个不同的阶段。首先，它们会变大，变成红色的大个子，然后开始缩小成小个子，颜色也变成白色，有一些大的恒星则变成了黑洞。

黑洞就像存在于空间中的一个深坑，如果你离它很近就会掉进去，而且永远无法脱身。即使是光这样速度最快的东西也无法逃出黑洞。黑洞之所以看起来是黑色的，就是因为它吞噬了光。幸好黑洞离我们很远，否则的话，地球上的所有物体都会掉进黑洞。黑洞是宇宙中最粗暴的掠食者。

永远待在太空中就感到害怕。

"当然会有用的，"阿尔贝托安慰她，"我们来试试吧。"

浑身有些僵硬的他又吐了吐舌头（感觉舌头好重呀），转了转头，最后大声喊道："奇迹亚克！"

奇迹发生了。这扇门先是像汤一样的形状，然后变浓稠了，他们之前进来的那个洞口出现了。太棒了！他们立即可以回到洞穴了！

回到门的另一边后，他们都为地心引力的存在而感到高兴。他们感受到身体的重量，引力让人能够正常地行走和移动，而不会像气球一样飘起来，真是令人愉快。

"这么说，宇宙不是无限大的吗？"艾尔维拉看着神奇大门另一侧问道。

"也许并非如此！"阿尔贝托笑着回答道，"有很大的东西，比如整个宇宙，也有很小的东西，比如一粒沙子，但一切都是可以被测量的。事实上，科学家的工作就是尝试测量他们手中的一切。科学家们是一群爱测量的人。"

"好吧，如果宇宙不是无限大，至少它会是永恒的。"

重力在哪里？

想要炫耀一下的安德烈斯如此指出，"它会一直、一直、一直存在下去。"

"这么说不对。"阿尔贝托回答说，"我们现在看到的一切都是在以前诞生的。所有东西都有诞生之日，人在刚出生时都很渺小，山都是一点一点地出现的，就连大海也是由雨水汇集而成的。宇宙也是诞生而来的，虽说这发生在很久以前了，不过它也是生成的，而并不是始终存在的。"

"天呐，"艾尔维拉说，"我看过我妹妹的出生，现在也好想看看宇宙是如何诞生的呀。那肯定很壮观——"十分感叹的她把最后一个词的音拖得很长很长。

"如果你们愿意，我们可以透过门上的洞看到这一幕。你们忘了这是个神奇的洞穴吗？"阿尔贝托笑了。

"原来如此，我要看，我要看！"除了坐在角落里头晕目眩的佩德罗，其他人都大叫起来。

"宇宙的诞生有个名字，叫作'大爆炸'（Big Bang）"玛丽娅解释道，"你们几个的英语考试都通过了吗？"

除了佩德罗，几个孩子们都点头表示肯定。

"英语中的'Big'是什么意思？"阿尔贝托问道。

万有引有定律
或者说为什么事物会坠落

科学家想知道为什么东西会掉到地上，为什么它们不能保持飘浮状态呢？如果你看过关于宇航员的电影，就会知道在太空中即使宇航员放开手中的物体，也会飘浮起来。在地球上不会如此，但在太空会，多么神秘！

一位名叫艾萨克·牛顿的人找出了答案。物体之所以向地面坠落，是因为它们之间相互吸引。物体的质量越大，就越相互吸引。当然，它们离得越远时，彼此之间的吸引力就越弱。人们搬大件东西时要用更多的力气，因为地球对质量大的东西的吸引力更大。而宇航员在没有引力时可以平静地飘浮在太空中。引力是物体之间相互吸引的力量，引力法则是所有物体都必须遵守的。

现在试着想象一下地球有多大，你就会明白，为何它能以巨大的力量吸引任何物体，即使是飞机也必须有巨大的引擎才能从地面起飞。另一位名叫阿尔伯特·爱因斯坦的人发现，空间会像蹦床一样发生弯曲，他称引力是将物体压在空间之上时所形成的坑。引力看似很复杂，却是很基本的法则！

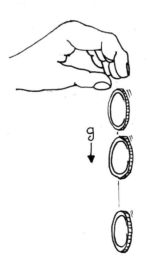

"大！"

"那什么可以发出'Bang'的一声？"

"爆炸！砰！"

"宇宙的诞生被称为'大爆炸'，因为它类似于一场非常大的爆炸。现在存在的一切东西在以前都仅仅以热量的形式集中在一个很小的点上。没错，这很神奇，对吧？"阿尔贝托兴奋地挥舞着双手解释道，"那是一个非常热、非常小的点，所有的恒星、行星，甚至整个黑暗的太空本身，所占的空间比针尖都还小。突然之间，没人知道为什么，热量被释放出来了。它爆炸了，没错，爆炸了，像花朵一样绽放了！你们想看看吗？"

"哇塞，那当然了！"孩子们都这么说（当然佩德罗除外）。

"那就走吧。"

大家的脑袋都挤在神奇大门的门框中，他们看向另一边，但什么东西都没有，没有恒星，没有行星，没有星系，只有一片绝对的黑暗。

"在宇宙出现之前，由于什么东西都不存在，所以也没有所谓的时间。"阿尔贝托指出，"只有在宇宙诞生后，时间才开始被计算，于是才产生更早的时间，或者更晚的时间，有昨天和今天这样的区分。准备好了吗？来，看仔细点。"

起初那里什么都看不见。但突然间，似乎有一团小火苗飘浮在很远的地方，就像即将熄灭的火柴的微光。那火焰颤动着，扭曲着，变成了一阵透明的波浪，然后……紧接着，空间如同大地震一般裂开！首先出现一个非常炽热的而且摇摇晃晃的球，然后那个球变得越来越大，朝各处释放闪光，发出巨大的噪声，就像暴风雨时的海啸一样。然后在非常短的一瞬间内，那个球就爆炸了，大家惊讶地见证一切事物都被它覆盖了。不知不觉中，天已经不黑了，光诞生了！这是一个婴儿宇宙！这个球变得越来越大，球里面炽热得只要看它一眼都感觉要被熔化。漩涡出现了，疯狂地旋转着，而且变得越来越厚，每个漩涡中都渐渐出现了一些看起来让人觉得眼熟的东西……那是什么呢？

恒星！每个漩涡中都诞生了一颗恒星，然后恒星在星系中渐渐成长并相互结合成星系。恒星在移动，随着它们快速地旋转，一些恒星失去了一些小碎片，这些碎片很快就变成了行星。多精彩呀！不久之后，在门的另一边，他们已经看到了大家平时所见的宇宙，在空中飘浮着星星点点的光点。大爆炸只持续了不到一秒钟，或者说最多也不过两秒钟！真令人难以置信！

"啊！"艾尔维拉张大了嘴巴惊呼道。

"天呐！"安德烈斯睁大眼睛喊道。

"真是不得了！"法蒂玛张开双手如此感叹。

"哇！"佩德罗大叫一声，因头晕目眩而不适的他在角落里呕吐起来。

"我们是第一批看到宇宙诞生的人。"正照顾着佩德罗的玛丽娅一边扶着他的头一边说道，"这很令人震惊，对吧？其实大爆炸是宇宙诞生以来最了不起的现象。"

"虽然它演化得没有你们看到的那么快，"阿尔贝托解释道，"千千万万年过去后，宇宙才变成现在的样子。最初它就像一个婴儿，后来像一个儿童，直到现在，它已经成年了，而且还在成长。"

"那如果它继续长，也会变老和死亡吗？"法蒂玛想知道这点。

"我们相信确实如此。"玛丽娅解释道，"当它不断地

无知的怪物

大爆炸

你是否相信巨大的宇宙和自己一样都经历过出生？是的，这看起来像在胡说八道，但事实证明确实如此。科学家研究了很久才意识到这点。最终他们发现宇宙诞生于很久之前，大约在 140 亿年前的一场"大爆炸"中。一想到宇宙经历了那么长的时间，真是令人头晕目眩啊！

我们得以知晓宇宙由诞生而来，是因为"大爆炸"留下的痕迹目前仍然存在，在地球大气中与太空中都可能存在，这些痕迹被称为"宇宙微波背景"。那个用来加热牛奶的微波炉能让你想起什么？

由于"大爆炸"的痕迹像微波炉加热食物时所产生的热量，因此它有了和微波炉相似的名字。

你也许思考过另一个重要的问题，那就是，"大爆炸"前发生了什么？其实答案很复杂，由于宇宙包含了一切现存的物质，而宇宙是"大爆炸"时才诞生的，于是在那之前……什么都不存在！

当你用到"之前"和"之后"这样的概念时，你正在探讨时间，但是在"大爆炸"之前不存在时间，也不存在空间。

如果这么想，那么正是"大爆炸"创造了空间和时间。当这两者出现时，其他事物才会诞生与发展。

长大后，将成为一个祖父级的宇宙，会失去力量并最终死亡。其中存在的一切，包括恒星、行星，所有东西也将消失。但没人可以确定这一点，也许它只会变成一个新的宇宙。而且你们不用担心，离宇宙老去还有很长的时间！到目前为止，宇宙依旧像公牛一样强大，它将在我们的一生中继续存在着。"

孩子们花了一些时间来琢磨这个说法：宇宙是诞生而来的，而且会经过很长一段时间，最后它也可能消失，或者变成其他东西。

阿尔贝托从地上站起来说道："当佩德罗的身体恢复一些时，我们必须继续前进。如果观看宇宙的诞生对你们来说已经很棒了，那么你们想象不到还会有多少奇妙的事物。"

说完这些话后，石门关上了。现在这个洞穴看起来很普通，但是只有他们知道，它有一个红色的门通向宇宙。

在体验这么多后，大家休息了一会儿。佩德罗喝了一大杯水。然后，他们打开手电筒，再次背起背包，继续走到洞穴的另一条通道，期待着在另一个大门后的惊喜。

★ ★ ★

洞里非常冷，当他们越来越深入洞穴时，潮湿的气味变得更加强烈，周围也在变得狭窄，就像狼张开的大嘴一样黑暗。

突然间，法蒂玛似乎看到一个胖胖的身影在远处移动。它像一个黑色的球，又大又毛茸茸的，下部分还有腿，快速地从他们身边经过了。法蒂玛不确定那是不是手电筒反射出的一束光扫过的影子，也许真的有个丑八怪从那里经过了。当然，她想起有人说过，可怕的怪物会住在洞穴里。有一阵子她想保持沉默，不想自己看起来像个胆小鬼，但她难以控制自己，最后还是说了出来："我不想吓唬你们，我觉得我们身后有一个毛茸茸的长着腿的东西。"

什么！每个人都害怕起来，转动手电筒搜寻这个陌生的存在。

勇敢的艾尔维拉探身望向他们走过的那条通道的一个角落。

"这里没什么东西，"她确认道，"甚至连一只小昆虫也没有。"

"什么都没有，"同样看遍每个角落的玛丽娅也说道，"连一只小老鼠或一条蛇都没有。

"这里当然什么都没有，"看向天花板的阿尔贝托说道，"如果你们在想是不是有怪物，我敢肯定，怪物只是一个传说，不用担心。大家都安静下来，好吗？"

但他们并没有完全平静下来。即便如此，他们还是继续默默地走过那条通道，听到有几滴水从洞顶掉下来，那是水滴在继续不知疲倦地生成钟乳石和石笋。嘀嗒，嘀嗒，水落下时响起这样的声音。

他们来到另一面岩壁前，但这次岩壁不是红色的。它看起来更像是蓝白混合色，和之前的红墙一样，它是一扇门。

"我们到达了第二个出口，先在这里停一会儿。"玛丽娅命令道，作为校长的她一直在负责指挥。

他们放下背包，再次补充水分，然后坐了下来。

"我们会在另一边找到什么？"安德烈斯问道。

"没有人知道，因为从来没有人进入过这个洞穴。"阿尔贝托用有点严肃的语气回答道，"当你们准备好的时候，我会说出那个神奇的词，看它会带我们去哪里。"

每个人都深吸一口气，鼓起勇气，表示他们已经准备好去探索第二个出口了。

"奇迹亚克！"科学老师全力以赴地喊道。然后发生了与上次相同的事情：墙开始发光，变成一股浓汤，接着颤抖起来，最后消失，在墙上留下一个洞口。

一片寂静之中，只听得见远处嘀嗒的水滴声。上次他们进入的那个十分寒冷的地方，这次门里却传来强烈的光线和宜人的暖风。每个人都想从洞口看另一边有什么。

"这是一片草原！"安德烈斯兴奋地说道，"有好多树和河流的草原！"

阳光照耀着美丽的大地。他们看到有草，大树和空中的白云，细细的河水从各处流淌而过。此外还能听到昆虫的声音，好像是正在飞舞的蝉或者苍蝇。这个地方显得如此舒适，连昆虫的声音也不会令他们感到害怕。

"前进吧！大家一个接着一个走！"校长再次下令，"不过要小心点，好吗？我们不知道那里是否真的有奇怪的动物。"

经过这里时，他们呼吸着清新而干净的空气，这里一定是地球，或者看起来就像地球，因为这里的一切都与我们所生活的星球一样。草是正常的草，天空是正常的天空，太阳是正常的太阳，树木和水也是正常的样子。但他们确实注意到了一些奇怪的东西，在这片美丽的草原上，没有一座房子或任何建筑物。

"没有人。"艾尔维拉说道。

"也没房子。"安德烈斯说道。

"没有汽车，也没有道路。"玛丽娅提示道。

他们都在环顾四周，放缓脚步。这个地方看起来并不危险，甚至说他们很想在这片美丽的草地上玩耍。喜欢爬树的佩德罗爬上了一根树枝，然后爬到了树顶。阿尔贝托虽然年纪大了，却也是一个好奇的人，便跟着佩德罗去爬树。在树顶，佩德罗和阿尔贝托看起来像两只快乐而满足的猴子。突然间，阿尔贝托看向地平线时，大惊失色，不再攀爬。他究竟看到了什么会变得如此紧张呢？

"我现在知道为什么这里没有人也没有房子或汽车了，"他说道，"我们已经穿越到了许多个世纪以前，当

无知的怪物

时还没有出现人类，只有动物。"

"你是怎么知道的？"十分好奇的艾尔维拉兴奋地问道。

"因为我看到了恐龙。"

"恐龙！真的吗？那是活着的恐龙而不仅仅是陈列在博物馆里的骨架？天呐！既然这是个神奇的洞穴，那它就可以带我们到达任何地方……"

如果那是活的恐龙，可真是了不得！他们望向远处，发现确实有一个东西在移动，静静地吃着树枝上的叶子。它的脖子长得似乎没有尽头！阿尔贝托伸手指向草地的远处，顺着这个方向，所有人都可以亲眼看到它。

"是的！那是一只巨大的恐龙！"他们兴奋地喊道。

"嘘，不要尖叫！"玛丽娅命令道，"其他危险的恐龙也许正朝我们走来！"

佩德罗和阿尔贝托立刻从树上爬下来，他们聚在一起低声讨论。

法蒂玛问："我们该怎么办？"

"我们要去接近恐龙吗？"艾尔维拉提议。

无知的怪物

"我们最好留在这里，不是吗？"佩德罗有点害怕地说道。

"它看起来像一只无害的恐龙，只吃叶子，"阿尔贝托说，"也许我们可以非常小心地接近它。如果发现有危险，我们都赶紧跑！"

校长有点犹豫，她要对孩子们的安全负责。她甚至不愿意去想，如果一个孩子发生不好的事情会怎么样。

"好吧，我们可以去打探一下。"玛丽娅最终说道，"但是我们的动作要非常慢，而且大家都不能离开队伍，好吗？"

每个人都点点头表示同意，于是他们出发去寻找恐龙了。

找到那只恐龙并不困难，因为它实在是太大了，看起来就像一座山。它是灰色的，有着长长的脖子和一个可爱的小脑袋。它身上的气味很重，闻起来真的有点像大便的气味，当他们离得更近时才看明白了——恐龙吃了好多的叶子，它一直在边吃边拉，地上有一坨巨大的恐龙粑粑！有人的膝盖那么高。于是大家都非常小心地避开那又大又臭的恐龙粑粑。

最靠近恐龙的是安德烈斯，他只害怕蜘蛛，而不怕大型动物。他走得太近了，几乎可以摸到恐龙的腿。它的每条腿都像柱子一样粗，像钢一样坚固。在恐龙旁边，安德烈斯看起来和蚂蚁一样小。这个了不起的动物的皮肤像石头一样坚硬而皱巴巴的。恐龙突然看向安德烈斯，动了一下它那条长长的尾巴，它的尾巴和它的脖子一样长。安德烈斯跳了起来，赶紧跑开，但恐龙依旧很平静，似乎并不想攻击这个人。

"哇！"安德烈斯刚飞奔回来，喘着粗气说道，"它动尾巴的时候，我以为它会吃掉我。"

"它不会吃人，"阿尔贝托解释道，"它是草食动物。"

"草食动物？"佩德罗问道。

"你不记得了吗？"玛丽娅有点责怪他，"我们在课堂上学过的，草食动物是一种只吃水果、蔬菜、叶子等植物的动物。它们的胃不是用来吃肉的，这种恐龙也许会用尾巴给你巨大一击，但永远不会吞掉你。"

艾尔维拉除了胆子大和好奇心强之外，还有点爱反复念叨，她对着石头自言自语："吃肉类的动物被称为肉食动物，吃植物的动物被称为草食动物。"

恐龙曾统治世界

在数百万年期间，恐龙曾是世界上最常见的动物。无论在白天还是黑夜，地球上的很多地方都能找到正在觅食的它们。化石告诉我们，世界上至少有一千种不同的恐龙，它们有些像大卡车那么长，有些像鸡一样小。每一种恐龙都是卵生的，而且都有角或脊，有的恐龙甚至还有羽毛可以飞翔。

在以前，数量众多的恐龙是地球上的王者，尤其是那些巨型恐龙。一只巨大的肉食恐龙每天可以吃掉一百多千克的肉，它们甚至还会吃其他的恐龙。这就是为什么它们被称为"恐龙"（dino-saurio）。这个词来自希腊语，"恐"（dino）意味着"可怕的"，"龙"（saurio）可以指"蜥蜴"，由此恐龙被看作是一种"可怕的蜥蜴"。

　　鲜为人知的是，恐龙其实非常聪明，不像蜥蜴那么笨。恐龙之间相互联系，形成可以进行交流的团体，并拥有发展到一定程度的智力。有人说，如果恐龙不是已经灭亡了，随着时间的推移，它们会变得像人类一样聪明。谁知道这是不是真的呢！

无知的怪物

"我们人类什么都吃，"安德烈斯补充道，"我们吃肉类也吃植物，我们是杂食动物。"

"熊也是杂食动物，它们吃肉类还有叶子和树根。"

"猪也是这样的，"法蒂玛补充道，"它们抓到什么吃什么。"

"还有狗，"阿尔贝托提醒他们，"也是杂食动物。但大多数动物要么吃植物，要么吃肉。就这种恐龙而言，它似乎只喜欢吃叶子。你们想象一下，为了保持这么大的身体，它每天得吃下多少片叶子！当然并非所有恐龙都体型巨大。事实上，"他突然盯着地面说道，"还有一些非常小的恐龙。"

所有人像阿尔贝托一样俯视地面后吓坏了，只见一只小得像母鸡的恐龙正站在玛丽娅校长的脚边！见这个恐龙离自己这么近，她被吓坏了，因为这只小恐龙虽然体型很小，但嘴里满是锋利的牙齿。幸运的是，它没有攻击他们，而只是站在那里看着他们，摇了摇尾巴。当然，由于那个时代还没有人类出现，这只小恐龙看到人非常惊讶，正如他们看到恐龙后一样。

"我不明白，"法蒂玛问道，"为什么自然界中的动物如此不同？有的有头发，有的有鳞片，有的像鲸鱼一样大，而有的像苍蝇一样小。有些长着角，有些像天鹅一样有翅膀，而有的有很多腿，还有的像蛇一样爬行。有的……"

"我懂你的意思，"安德烈斯打断她说，"你不用再举更多的例子了。我觉得动物之间会如此不同，是因为它们以不同的方式生活着。"

"你说得没错，"阿尔贝托用科学老师的口吻回答道，"世界上有很多地方截然不同，比如北极和沙漠。每种动物都为了在这些地方生活下去而不断适应。如果北极熊生活在沙漠中，那它有这么多毛发有什么用呢？它会被热死的！骆驼如果在北极生活，它在驼峰上储存水有什么用呢？北极就有很多水！相反地，在北极的骆驼会感到非常冷。"

佩德罗马上意识到了一点："也就是说，每只动物都去了最适应的地方。"

"不，大自然也不全是这样运行的。实际上是，动物根据它们所居住的地方而逐渐变化。比如长颈鹿，它的脖子几乎和这种食草恐龙一样长对吧？但以前并没有这

无知的怪物

么长脖子的长颈鹿。有些类似长颈鹿的动物，它们的脖子比较短，只是普通的长度，它们看到树上有非常好吃的叶子，可怎么才够得着高处的叶子呢？办法就是让脖子长一点，即使每一代只是长了一点点。"

"有了长的脖子，它们就可以吃到更多的叶子。"玛丽娅继续说道，她同时留意那个站在身边的尖齿小恐龙，"当然，这些长颈鹿没有被饿死，它们的孩子和它们一样有着长长的脖子。这些长颈鹿总会赢，因为它们吃得到高大树木上的叶子。过了很长一段时间，经历一代又一代的演变，从曾祖父母到祖父母，从祖父母到父母，再从父母到孩子，每一代都生下了脖子长长的后代，这些后代生活得很好，于是有了我们现在所看到的长颈鹿。"

"原先脖子短的那些就死了吗？"法蒂玛有点悲伤地问道。

"噢，那不一定！"阿尔贝托解释道，"有些可能是，但大多数改吃其他食物了。比如，有些脖子短而没能成为长颈鹿的动物，最终变成了体型大而有力的水牛，这样它不容易会被其他动物攻击，可以安心地吃草。有的变成了动作迅速的瞪羚，它们跑得非常快，可以逃离狮子的抓捕。如你们所见，现存的每种动物都擅长某一种生活方式，这就是进化的结果。进化中的动物们改变自己，从而更好地适应它们所处的环境。"

"真有意思！"艾尔维拉兴奋地喊道，"也就是说，长得相似的动物可能来自同一种古老的动物，而这种动物一直在变化吗？"

"正是这样。"校长玛丽娅笑着说，"长颈鹿、水牛、瞪羚和骆驼最初也许是同一种动物。它们为生存而斗争的过程中，身体在不经意间发生了变化，当然这个变化非常缓慢，不会突然发生。你们要知道，大自然是非常有耐心的。在很多个世纪后，许多微小的变化共同演化成一个巨大的变化，最后出现了一种新动物。这很酷，不是吗？"

此时，那只吃着叶子的恐龙发出巨大的咆哮声，身体动了起来。它已经把那棵树的叶子吃光了，似乎想去找另一棵树。它每走一步，地面都随之颤抖，庞大而强壮的它仿佛一个神话般的存在。嘣！嘣！恐龙巨大的脚步在草地上发出隆隆的声响。

"更令人惊讶的是,"阿尔贝托说,"所有的动物、植物和人类可能来自同一种生物,或者少数几种。它存在于很多年前,那时地球刚诞生,太阳才开始闪耀。那个生物非常渺小,就像细菌一样。你们知道细菌是什么吗?"

"知道!"孩子们回答道,"它们像很小的虫子,肉眼看不到,要用显微镜才能看到它们。"

"对,我们这个星球上的所有生物可能来自这个古老的存在。它逐渐生长,进化,一点点地变成我们今天所熟知的植物和动物。如此一想,所有生物都是亲戚,因为他们来自一个共同的祖先,地球上的所有生物都属于一个家庭。"

"那也就是说,螃蟹是我的表哥?"安德烈斯抗议道,"天呐,真受不了!我看起来才不像个螃蟹呢!"

阿尔贝托亲切地看着他,摸摸他的头,让他平静下来:"你想一想,螃蟹有眼睛和嘴巴,就和你一样;它有爪子,就像你有腿;它有小螃蟹,就和人有孩子一样。在很多个世纪以前,曾经有一种原始生物,它第一次有了眼睛、嘴巴和腿。我们和螃蟹以及所有其他有眼睛、嘴巴和腿的动物都是那种生物的后代，所以在某种程度上，人和螃蟹以及所有其他有眼睛、嘴巴和腿的动物都是亲戚，不过不是表兄弟姐妹，而是远房亲戚。"

安德烈斯琢磨了一下阿尔贝托的话，觉得老师说的是对的。现在他看待螃蟹的眼光再也不能和从前一样了！大自然做了多么奇怪的事情！它把一种动物变成另一种动物！

"每个物种都有自己擅长的技能，"校长玛丽娅说，"比如说，鸟擅长飞翔，鱼能栖息在水中，猴子善于在丛林中跳跃。大自然中就这样逐渐出现了生物之间不同的生存方式。"

艾尔维拉一边听，一边看那只大恐龙吃着另一棵树的叶子，它吃东西的速度快得令人眼花缭乱。按这样的速度，它很快就要吃掉这片草地上所有的树叶！艾尔维拉立马有了一个想法："那植物呢？它们也来自同一个类似细菌的微小的原始生物吗？"

"植物也是如此，"阿尔贝托解释道，"但植物的进化方式不同。它们没有去争夺食物，而是获得了更好的生

　　　　　　　　　　　　　　　　无知的怪物

进化的伟大秘密

生物学是研究所有生物的科学。生物学界一个大的谜团就是为何世界上存在着如此多不同的生物，这曾是一个巨大的秘密。后来，一个叫查尔斯·达尔文的人发现了这个秘密：所有的动物（包括植物）可能都来自一个原始的生命形式，于是人们有了解开这个谜团的线索。

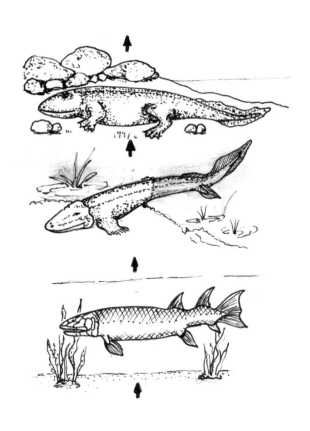

首先，如果我们用显微镜来观察，可以发现所有生物都由相同的成分组成，无论何种生物，它们的细胞看起来都很相似。其次，你知道什么是遗传密码吗？那是生物在形成时所接受的指示，这些指示存在于在我们体内，当有了后代时，我们会把遗传密码传递给后代，从而按照特定的指示来生育后代。而遗传密码用同样的语言，将信息传递给所有的生物，包括人类、苍蝇、番茄、蚕或其他任何生物。

　　所以，即使一切生物从外表看来会有所不同，他们的内部构造也高度相似。进化就是大自然根据原始有机体的遗传密码的片段逐渐创造出不同的物种。

　　由于地球非常古老，许多年前就出现了生物，进化便有足够的时间来逐渐创造出我们今天所看到的各种各样的生物，这就是达尔文发现的秘密，他真是个聪明的家伙！

无知的怪物

存方式——为自己创造食物。"

"哇！怎么会这样？"佩德罗被勾起了好奇心。

"植物可以通过阳光制造食物。你看到过有人给盆栽植物投喂食物吗？不，你只需要给它施肥和浇水，它的叶子可以吸收阳光，然后将阳光与土壤中的水和矿物质结合，从而生产出它们自己所需的东西。我们不能这样做，因为我们没有这种功能，当我们或其他动物饿了的时候，就需要吃植物或者其他动物。所以我们应该感谢植物，它们是所有食物的基础，而且它们只需要土地、水和阳光就可以自给自足。"

"没错，"艾尔维拉说，"我昨天吃了生菜，这是一种植物，我还吃了鸡肉，但鸡以玉米为食，玉米是另一种植物。也就是说，如果没有植物，就没有鸡、猪、沙丁鱼或其他可以吃的东西。"

孩子们发现大自然之间的联结是美好的，它不仅成功地创造出新的动物，而且还能创造出植物，而且让所有的生物都能够生存。

而就在他们安静地交谈之时，发生了一件怪事。那只像鸡一样小的恐龙突然飞奔起来，而那只吃着叶子的大恐龙也转头跑了，它的脚在地上发出嘣、嘣的声响。

"小心，孩子们，有什么不好的事情发生了，"震惊的玛丽娅抱住孩子们，"我觉得我们最好回到洞里去。"

但当他们转身寻找那个大门时，突然遇到了一只让他们紧张得汗毛竖立的动物。

这不是那个他们在洞穴中感觉到的毛茸茸的怪物，也不是狮子或者大象，而是能想象到的最可怕的恐龙。它有一栋楼那么高，还有一个巨大的头，嘴里满是像刀一样锋利的牙齿，流着令人生畏的黑色口水。

最糟糕的是，恐龙看着他们，就像一个饥饿的人看着一盘扁豆一样。毫无疑问，它把这些用两条腿走路的小家伙，当成它的午餐开胃菜。这些它从未见过的动物吃起来会是什么味道呢？恐龙似乎在这样问自己。

"这不是食草动物。"佩德罗颤抖着说。

"这是食肉动物。"吓坏了的艾尔维拉说道。

"就算它是杂食动物也无所谓，"正在寻找逃生方式的阿尔贝托咕哝道，"我们需要在被它吃掉前离开这里。"

问题是，那个洞穴的入口正位于恐龙的背后，因此他们必须穿过它才能到达那扇门！他们一动不动，吓得

无知的怪物

快瘫了，每个人都东张西望，想看看如何才能逃走。恐龙盯着他们，张开嘴巴，黑色的口水从尖牙之间流下。

"你们的动作放慢点，"阿尔贝托说，"我在书上看到过，恐龙的视力不好，只能觉察到在它面前运动的东西。"

听到他这么说，其他人都不敢动了。即使这个大恐龙眼神不太好，也仍在接近他们。它的两条后腿非常大，而前腿却小得不可思议。

"哎呀，哎呀。"安德烈斯喊道，"它肯定会吃掉我们的。"

这只高大的动物已经非常接近他们了。法蒂玛只想全力以赴地逃跑，但又怕它会先看到她，恐惧已让她全身动弹不得。

恐龙把嘴张得更大，伸出一只小得可笑的爪子，想要抓住玛丽娅校长！校长便再也忍不住了，喊道："跑！快跑！各自往不同的方向跑！"

当然，这说起来容易，但动起身来时，没有达成一致的他们都撞到了一起，真是一团糟。恐龙一看到他们动起来，就变得紧张，开始咆哮起来。"咕噜咕噜咕噜！"

那咆哮声让他们更加害怕了，他们有的往河边跑，有的往山上跑，有的跑向一棵树，而玛丽娅校长则向远处的湖边跑去，但只跑了几步就被绊倒了。可是恐龙迈出两大步赶上了她，把满是尖牙的嘴张得大大的，正准备抓住她！

"救命啊！"玛丽娅绝望地喊道。

然后，奇妙的事情发生了。一群大如鸽子的蜻蜓从河边飞出来，全速冲向那只恐龙。蜻蜓群十分庞大，有成百上千只。它们的翅膀像花瓣一样呈现出美妙的颜色，有蓝色、红色、紫色还有绿色。蜻蜓多得遮挡住了阳光，一下子就包围了恐龙。恐龙像发疯似的挥舞着尾巴和前爪，并张开嘴巴，试图吓跑蜻蜓。"咕噜咕噜咕噜！"恐龙咆哮着，但蜻蜓非常敏捷地在空中转了个弯，逃脱了恐龙的攻击。

"就是现在！"扶起玛丽娅的阿尔贝托喊道，"所有人冲向洞穴！"

他们使劲地跑了几秒钟，但感觉仿佛经历了永恒。他们到达了原本入口所在的地方，但没看到入口。

当然，他们还必须说出那个神奇的词！此时阿尔贝托气喘吁吁，身后跟着非常害怕的玛丽娅。

"奇迹亚克！"他再次伸出舌头，急忙喊道。

那扇门开始出现，但速度很慢！他们转身时，看到那只可怕的恐龙已吓跑了蜻蜓，正向他们走来。"快！现在就开门吧！"那个恐龙离他们越来越近，让人闻得到它那恶臭的气息。

但话说回来，他们还是幸运的。在稀气、浓汤和一道闪光过后，大门出现了。他们一看到里面的大门，就一头扎进去，往地上滚起来。好紧张呀！此时恐龙正向他们飞奔而来，而那道石门仿佛明白一切似的，迅速关闭起来。"幸好，哎！"他们大汗淋漓地坐在地上，喘着粗气，想象着那恐龙看到午餐突然消失时的愚蠢的表情，它肯定不知道发生了什么！

"我们已经侥幸逃脱了。"法蒂玛喘着气说。

"下次打开门时我们得更加小心。"阿尔贝托强调道。佩德罗很肯定地说："有时候我还觉得恐龙并不存在，我以为它们只是博物馆里的化石。"他又开始感到头晕了。

从惊吓中恢复过来的玛丽娅看着佩德罗点点头："我们已经可以相信恐龙确实存在了。它们生活在数万年前，是地球上最大的动物。我们在博物馆看到的是它们的骨头，人们发现许多恐龙骨骼化石。"

"化石是恐龙的骨头吗？"艾尔维拉问道。

"化石是指古代生物的遗骸，它们死亡后会被留在石头上，"阿尔贝托解释道，"当动物在潮湿的土地上死去时，它的骨头就会变成化石，幸亏如此，它们的遗骨可以持续留存很多年。化石十分有价值，可以告诉我们那些已不复存在的动物曾经是什么样子的。地球上不仅有恐龙的化石，还有植物的化石。"

法蒂玛满心疑惑地说道："恐龙这么大，我不明白它们是怎么消失的。"

玛丽娅看着孩子们，提醒他们想一个问题："当某生物个头太大时，怎样才能保持强大呢？"

孩子们想了一会儿，然后佩德罗先说出了答案："它们需要吃很多东西！"

"没错，"校长表示肯定，"如果缺乏食物，需要很多食物的大型动物就会最先死亡。在数万年前，一块巨大的岩石从太空飞来，落在地球上，这是一件罕见的事，但它还是发生了。岩石落下时对地面造成了巨大的打击，扬起大量的灰尘。灰尘遮住了阳光，没有了光线，植物就停止了生长，然后就会发生什么呢？"

"没有植物，"沉思的安德烈斯说道，"草食恐龙就会没有食物，对吧？"

"是的。没有草或树叶吃，它们就死亡了。那肉食恐龙会怎么样呢？"

"肉食恐龙吃其他的动物，但由于缺乏植物，其他动物已经很少了，它们也就饿死了，真可惜！"想到在那个艰难的时期，恐龙因缺乏食物而消失，太阳被灰尘遮盖，法蒂玛如此感叹道。

他们都明白了大自然存在一个链条，生物依赖其他生物来养活自己，而位于链条底端的是植物。如果某个地方出现问题，导致链条断裂，其他生物都会面临致命的危机。

"那小恐龙呢？"艾尔维拉突然想到，"它们不需要吃那么多。"

"确实有许多小型恐龙幸存下来，事实上它们的后代至今仍然存在，你们知道吗？"

孩子们之中没有人知道，他们非常惊讶。

"那就是鸟类。"阿尔贝托笑着说，"小恐龙变成了鸟类生存下来。你们看到的鸟，无论它是鹳、麻雀还是鸵鸟，它们是已经进化成鸟类而幸存下来的'恐龙'。这很神奇，对吧？"

这当然是一件很棒的事情。现在，孩子们很庆幸只有小鸟模样大小的恐龙，而不是像他们刚才遇到的那种巨大的、长满牙齿的恐龙。

"不早了，继续赶路吧。"校长玛丽娅拿起她的背包说道，"大家都记住，当我们到达下一扇门时，要仔细观察后再进去。"

他们打开手电筒继续前行。到这里，这本书的第一部分就结束了。如果你翻过这一页，在第二部分你会发现更多精彩的冒险，这要从一只潜伏在洞中的丑陋的怪物讲起。

无知的怪物

什么是植物，什么是动物

你现在知道了植物和动物之间的主要区别吧，简而言之，植物以土壤、水和阳光作为自己的生长条件，而动物不能这样做，动物必须吃其他东西，无论是像羊那样吃草，还是像狮子那样猎食其他动物。不过，植物和动物之间还存在许多其他差异。

你还能想到什么？让我们来开动脑筋。嗯……植物不能移动，它们的根系长在大地上。而动物可以移动，这很棒。谁愿意永远待在同一个地方呢？还有什么差异吗？没错，还有一个：植物不会拉粑粑，而动物会。

当然事情总有例外。你知道肉食植物吗？它们是植物，但也吃肉，它们捕捉昆虫，并一点一点将昆虫吞噬。

还有一种植物可以转动，那就是向日葵。你知道为什么它们被称为向日葵吗？因为它们每天都一点点地旋转，让自己始终面朝太阳，从而捕捉到更多的光。进化帮它们做到了这一点，进化总是诞生出神奇的东西。

第二部分：洞穴中的怪物

你好，我是生活在洞穴里的怪物，我称自己"无知"，我不知道是谁给了我这个名字，我对此一无所知。我不知道我有没有父母，因为我太老了，都忘记了。我也不知道我是怎么住在这个洞里的，我不记得了。我想我一直待在这里，在这些潮湿的通道和缝隙中爬行。其实我看不见东西，因为我一直生活在黑暗中，用不上眼睛，最终失去了视力。我在很久以前就失明了，但幸好我的听力不错，我的手有灵敏的触觉，我倾听并触摸身边的事物，虽然我不知道它们长什么样子。我觉得无所谓，或者并非如此，我不知道。有时我会想，这里有没有什么看起来漂亮的东西。我很少去担心什么，我已经习惯了身处黑暗。

其实我并不喜欢住在洞里，可我还在这里，我不知道为什么。有时我会从洞口探身出去，但我害怕离开。洞外会有什么？由于没有视力，我也无从知道。在洞口处似乎有温暖而干净的空气，应该有一种我看不到的光。

我不知道会发生什么，但我宁愿不知道，我不想遇到自己不喜欢的东西。我躺在洞穴深处的角落，度过了一段相当无聊的日子。当然，我没有任何聊天的对象，但我不在乎。虽然孤独会让我做出奇怪的事情，比如说，我把追逐自己当作游戏。我又胖又毛茸茸的，于是就蜷缩成一个球，开始快速地滚动，想着有人要来抓住我。过一会儿我就累了，再次感到无聊。然后我玩计时的游戏，但由于洞穴里既没有夜晚也没有白天，总是漆黑一片，我也很快就厌倦了。我一无所知，只知道时间过得非常慢，我无事可做，很快又感到无聊了。

说实话，我不知道为什么我被称为"无知的怪物"。真是个古怪的名字！但我知道人们说了很多关于我的谣言，比如，他们说我是一个不存在的传说。哇，我是存在的好吧！他们还说我很丑，但我觉得这不是真的。好吧，我知道自己看起来像一个黑色的毛茸茸的球，手和腿很短，但我不觉得这样子很丑，我也不在乎。还有一个关于我的谎言，就是我会吃小孩，这是错误的。我没有牙齿，也不喜欢肉，我吃的是洞穴的墙壁上生长的苔藓和其他植物。也许有人说我把小孩当点心吃，那是由于迷了路或者好奇心太强的孩子进洞穴后就再也没回去。但我没有吃他们，我不喜欢吃肉，这是真的，我保证。

我承认，我确实喜欢用我毛茸茸的小手抓住他们，并把他们带到我的巢穴里。当我躺在那些走丢的孩子们的身边时，我感觉很棒，有他们的陪伴真好。因为我年纪太大了，所以孩子在身边会让我感到更舒服、更年轻。没错，孩子让我恢复活力，我猜是这样的。虽然过不了多久，那些可怜的孩子们就会一点一点地消失。他们不断地变小，先是变得越来越年幼，然后变成婴儿，最后消失，仿佛时间倒流了。我感觉自己变年轻的时候，孩子们都变小了，也许我是以这些孩子的时间为生的，我不知道，虽然有时我也这么想过，但我对此还是知之甚少。我为那些消失的孩子感到难过，但我又忍不住去抓他们，我需要他们的时间，来让自己不再感到孤独和苍老。我希望他们可以在我身边待更长的时间。

也许这就是人们传出我是个可怕的怪物的谣言的原因。人们说我吃小孩，对我感到害怕，但其实我只吸收他们的时间，并不吃他们。我时不时地需要孩子，但是很少有人经过这个洞穴，这真是糟透了。没有孩子陪伴，

　　　　　　　　　　　　　　无知的怪物

我感到无聊，变得越来越衰老。但今天我很幸运，我发现不止一个孩子进入了我的洞穴，总共有四个！这让我很高兴，我终于有事情可做了！我会尝试抓住至少一个孩子，这样我就不会感到那么孤独了。我要吸收时间，让自己变得年轻一点。如果我能把他们四个都抓住那就最好了。但说实话，有一个我也满足了。虽然我还不知道怎么抓住他们。我对此一无所知。我必须制定一个计划，毫无疑问，我必须思考。但思考太累了！好吧，我会努力的。我必须快点，我知道这些孩子在附近走来走去，我听得到他们的说话声和笑声，我闻得到他们的气息。现在他们从我身边经过却看不到我，因为我像黑暗一样黑。我知道自己迟早会抓住他们的，我至少会抓住一个孩子，我敢肯定。

现在洞穴里的坡道没有下降反而上升了，它变得越来越陡峭，孩子们不得不小心翼翼地走在上面，因为这里不仅很黑，地面还又湿又滑。四处可见更多的钟乳石和石笋，洞穴的墙壁被白色斑块覆盖，看起来像凝固的海沫。"真好看。"孩子们这么想着，他们用手电筒照亮四处，就这样一步一步地越爬越高，最终到达了下一扇门处，却不知道洞穴里的怪物正在他们身后穷追不舍，在黑暗中紧紧地盯着他们。

这次，神奇出口是黄色的，它那光滑的边缘隐藏在岩石上。

"我们开门时要小心点，好吗？"校长玛丽娅如此警告道，她仍对上次肉食恐龙的记忆心有余悸，"进去之前，我们先探出头好好看看。"

他们把背包放在地板上，阿尔贝托像往常一样伸出舌头，转过身来，说了一句"奇迹亚克"。与前几次一样，门开始震动，变成蔬菜加奶油一样的浓汤，然后化作奇怪的气体，最后在另一边打开了一个洞。另一边有什么？然而……什么都没有。

"那里什么都没有。"把头伸进洞里的安德烈斯说道。

"只有一片巨大的空白。"法蒂玛回道，她感到有点失望。

"其实它看起来像一个巨大的空荡荡的房间。"校长玛丽娅说道，此时她的半个身体抵达门口处，四处张望。

"好吧，我们进去看看！"艾尔维拉喊道，并把他们推开，其他人也跟着她走进去。

至少这里有地板，墙壁，还有非常高的天花板，没有苍蝇之类的，既不冷也不热。这个地方很大，显得非常奇怪。

"这里没什么可看的。"佩德罗有点失望地评价道。

"这算什么神奇出口！"法蒂玛也跟着感叹。

"我们还是离开吧？"艾尔维拉提议。

作为一名优秀的科学老师，阿尔贝托对所有的事情都很好奇。他偶然发现了一个没有人见过的标识，上面用非常大的字写着："触摸这个按钮的人，会长得不成比例，还会变成水晶。"

"'不成比例'是什么意思？"安德烈斯对此不解。

"'不成比例'可能意味着'非常大'。"校长告诉他，"这就是为什么这个空房间会如此之大。这样的话，如果有人按下按钮而变大后，这个房间还装得下这个人。"

"这样头就不会撞到天花板了。"艾尔维拉说道。

"也不用把腿收起来。"佩德罗补充道。

"但变大的人会无法从门口通过，因为那个门是正常大小的。"法蒂玛指出。

不过阿尔贝托终于找到了线索，对大家说："旁边还有另一个较小的标志，上面写着'当你触摸另外一个按钮时，你将再次恢复正常。'也就是说，第一个按钮让你变大而且像水晶一样剔透，第二个按钮让你变回从前的样子。那么来吧！我们试试吧！"这位科学老师兴奋地喊道。

"当然，我们试试喽。"安德烈斯疑惑地说道，"如果它不管用，我们一直是一个大大的水晶的样子该怎么办？"

"我也这么觉得。"艾尔维拉说道。

"我也是。"法蒂玛说道。

"好吧，我也同意。"佩德罗确认道。

每个人都陷入沉思。那个巨大的房间显得空荡荡的很安静，他们并不喜欢待在那里。突然间，校长玛丽娅大声地说道："孩子们，不知道你们发现了没有，这个神奇的洞穴其实是想教给我们一些东西。首先，它告诉我们宇宙是什么样的，然后告诉我们生命是如何运作的。现在，我觉得它想告诉我们人体的内部是如何工作的！这就是为什么它让人变得巨大而晶莹剔透，这可以让我们看到人体内所有的细节，我们可以从中学到很多东西。"

这个想法很棒。每个人都想看到人体内部，但没人愿意成为按下按钮的那个人。最后校长玛丽娅缓缓表示，由她来当志愿者。"为了让孩子们学习，我什么都可以做。"她用隐忍的口吻感叹道。

然后，人们还没来得及阻止校长，她就走到标志前按下了按钮。接着，咕噜咕噜的声音传来，玛丽娅的身体马上开始变大，与此同时，她的皮肤变得透明。其他人见状，感到有点害怕。

当校长变得有两倍大时，她的皮肤变得非常薄。她示意自己要躺在地板上。

"我几乎无法说话，而且我的肌肉正在变得坚硬。我快要动弹不得了。"

当她这么说的时候，她的声音变得如小号一样的金属质感。不仅仅是皮肤，她的整个身体都变透明了！一分钟后，躺在地板上的校长已经像公共汽车一样长了，整个人都无法动弹，她的身体像是水晶做成的。这是一番美妙的景象，尽管孩子们有点担心她会一直保持这种状态。

"别担心，"阿尔贝托说，"第二个按钮肯定也有效。来吧，让我们享受这个机会吧。我会向你们解释玛丽娅体内的东西。"

　　无知的怪物听到了他们说的每句话，它循着空中的气味来到门边并躲起来了，正等待着抓住其中一个孩子的机会的到来。

★　★　★

　　校长玛丽娅那变得透明的身体里有很多东西，包括正在跳动的心脏、随呼吸而起伏的肺部、头部的大脑以及所有的肌肉和骨骼……一切都看得清清楚楚。阿尔贝托问孩子们："人的存活最重要的是什么？"

　　孩子们想了一会儿，然后，法蒂玛先说道："呼吸！"

　　"非常好，法蒂玛！"阿尔贝托笑了，"人们可以暂时停止进食，甚至可以在几个小时内不喝水，但不能长久地停止呼吸，如果停止呼吸很快就会死亡。"

　　对此印象深刻的孩子们开始更用力地呼吸，感受着空气充满他们的肺部。

　　"看看玛丽娅校长的身体里发生了什么。"阿尔贝托说，"每次呼吸时，她的肺部就会膨胀，这是因为肺部仿佛两个位于胸腔内的袋子。我们呼吸的空气中充满了氧气，人的身体需要氧气才能工作，肺部就是用来从空气中收集氧气的。"

"我爸爸告诉我，氧气对于人类，就好比汽油对于汽车，"艾尔维拉说道，"它是我们的燃料。"

"没错，氧气好比是细胞的汽油。你们知道什么是细胞吗？"

孩子们摇了摇头。

"细胞是生物体内最小的单元，我们这样的大型生物是由数百万个细胞组成的。细胞有很多种，每种细胞都专门完成一种工作，有制造我们骨骼的细胞，有构成我们皮肤的细胞，还有形成我们肌肉的细胞。细胞以氧气为食，没有了氧气，它们很快就死了。"

佩德罗若有所思地深吸一口气，这样他身体内的细胞就仿佛有更丰富的营养，变得更强壮。他心想，没有细胞，我们就不可能存在！

"我们看得到细胞吗？"艾尔维拉问道。

"细胞一般非常小，肉眼看不到，需要通过显微镜来观察。"阿尔贝托解释道，"但有些细胞非常大，比如鸡蛋就是一个巨大的单细胞！而且无论大小，它的中心都是蛋黄，周围的部分是蛋清。"

"哦！"安德烈斯说，"也就是说，吃鸡蛋的时候我们在吃一个巨大的细胞吗？"

"是的。"科学老师笑着说，"现在你们知道了细胞靠氧气生活，而肺部在呼吸时从空气中获得氧气。你们能想象氧气是如何到达所有细胞的吗？"

哎呀，又是个难题。孩子们想了又想，但没有人找到答案，直到艾尔维拉跳起来兴奋地喊道："当然！是通过血液！"

阿尔贝托为她的表现感到高兴："确实如此，真不错！你们看玛丽娅那透明的身体中，有承载血液循环的血管网络，通过动脉，静脉，毛细血管，血液得以流到我们身体的每一个角落。"

没错，校长晶莹剔透的身体让他们看到大大小小的血管，从她的脚趾到发根，在全身延展开来。

"而且血液中含有丰富的氧气。"佩德罗说。

"是的。"阿尔贝托热情地鼓掌道，"血液到达我们身体的每个细胞，给细胞提供从肺部获得的氧气。"

"生物的身体真是一台奇妙的机器。"法蒂玛观察血液在玛丽娅晶莹的身体中循环时低声感叹道。

"还有呢，"阿尔贝托说，"你们肯定知道这个——身体如何使血液永远保持流动？"

这个问题简单，孩子们喊道："心脏！"

阿尔贝托很高兴自己是他们的老师，对他们说道："没错，心脏是身体的引擎。看看校长的身体，在那里，位于肺部中间的就是心脏。你们可以看到，心脏是不会停止跳动的，它搏动起来仿佛在嘣嘣地跳，而且每次跳跃时它都会缩小和扩大，它用这样的方式驱动血液流经血管。如果你把手放在胸前，就可以感受到自己的心跳。心脏总是在跳动，无论白天还是黑夜，真是太酷了。"

孩子们把双手放在胸前，齐齐点头。他们喜欢感受到自己强烈而持续的心跳。

"但是，"法蒂玛说，"人活着光有呼吸还不够，还需要吃饭喝水。如果我们不吃不喝，就会又饿又渴。"

"当然。"阿尔贝托点点头表示，"生物需要消耗大量的能量。想一下，我们在一天里做了多少事：起床、上

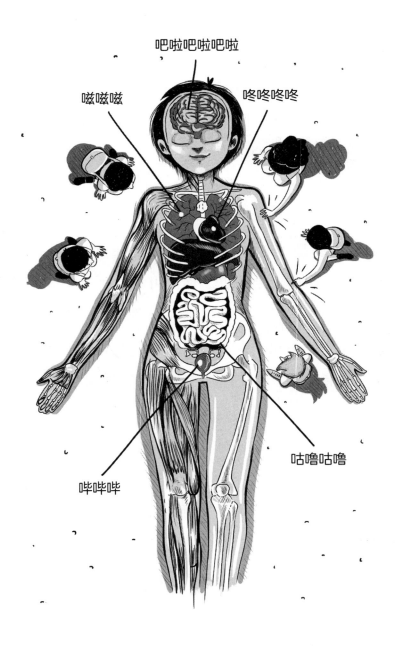

无知的怪物

人体机器

人体由许多不同的部分组成，每个部分都能完成不同且非常重要的任务。

想想我们每天需要些什么。比如，我们需要呼吸，这就是我们需要鼻子和肺部的原因。

所有用于呼吸的器官被称为呼吸系统。我们体内还有很多其他系统。为了进食，我们有消化系统，它包括胃以及在消化中有时会发出声响的肠道。

我们还有一个循环系统，其中有在血管中循环的血液以及跳动的心脏。人体还有更多的系统。去问问你的老师吧！

最重要的是，人类就像动物和植物一样，由多个协调良好的系统组成，仿佛一台很棒的可以运行多年的机器。从我们还是个孩子的时候起，直到长大成人，它也在不断地生长。我们的身体很了不起，它内部的一切都是相互连接的，每个部分都在各司其职，并且相互合作。我们的身体内部非常复杂，可运作得比手表还棒，比其他机器都棒，不是吗？

学、玩耍、奔跑、唱歌、回家……我们需要食物的能量来维持这些活动。"

"确实，"佩德罗笑着说，"我跑多了的时候就会感觉饿，可以吃下十碗土豆片！"

其他人也笑了，他们都知道佩德罗有点贪吃。

阿尔贝托指着玛丽娅那透明的身体解释道："与食物有关的身体部位被称为消化系统，其中最重要的是胃，也就是肚子里的那个大袋子。"

确实，在肠道中间的胃看起来就像一个粉红色的袋子。

"吃东西的时候，我们用牙齿嚼碎食物，然后把食物吞下。食物沿着那根管子流到胃部，然后在胃里被分解成非常细小的糊状物。"

"我们呕吐时吐出来的东西就是在胃里形成的糊糊吗？"佩德罗对此感到好奇，他想起在那场宇宙探险中产生的头晕。

"当然。"阿尔贝托点点头说道，"你说的糊糊在胃里形成，然后去到肠道的，肠道是胃下面弯曲的长管，肠道把营养输送到血液中，血液再将营养输送到所有的细

无知的怪物

胞中。就这样，通过血液，细胞得到它们所需的两样东西：营养和氧气。"

"我觉得人的身体就像一座城市。"法蒂玛说，"在城市的街道上，卡车把食物运送到超市，把玩具运送到玩具店，总之，卡车把城市所需要的一切东西运到各个地方。身体里的血管就像城市里的街道，血液就像运送必需品的卡车。"

"这是一个绝妙的比喻。"阿尔贝托鼓掌称赞道，"现在你们知道这些后，有人能告诉我，什么是尿液和粑粑吗？"

听到老师谈论脏乎乎的东西，孩子们都笑弯了腰。

"说嘛，你们肯定知道。"阿尔贝托坚持道。

"那就是……食物剩下的没用的东西？"安德烈斯大胆地说出来。

"是的！排泄物，也就是尿液和粪便，是食物中对我们没有任何帮助的部分。在消化结束后，身体就会排出它们。"

"那放屁也是这样吗？"艾尔维拉满脸顽皮地问道。

"是的，消化会导致肠道内产生气体。这些气体闻起来很糟糕，没有任何用处，所以身体也会把它们排出。谈论这个真讨厌，不是吗？"阿尔贝托也大笑起来。

每个人都笑了。是的，谈论起"屁"，也就是我们消化时产生的棕色恶臭气体，这确实有点邋遢的感觉。

★ ★ ★

谈笑了一会儿后，阿尔贝托告诉他们："现在我想让你们看看玛丽娅身体里的另一个部分，你们看到骨头了吗？"

他们当然看到了。在那里，骨头就像白色的硬管一样。他们在书中都看过骨架图，知道骨头是什么。

"骨骼对我们来说非常重要，因为它们支撑着身体的各个部位，就像房子的柱子一样。有些骨头很长，比如手臂和腿部的骨头，还有许多比较小的骨头，比如手指里的骨头。肌肉是附着在骨头上的结实的肉条，让我们可以走路、移动和搬拿东西。你们知道如果没有骨头会发生什么吗？我们的身体会像水母一样柔软。"

"没有骨头，我们会像蓝莓一样软吧。"佩德罗说道。

"没有骨头，我们将是一堆无用的肌肉，甚至连动都动不了，看起来就像堆成一大团的肉。"这么一想，法蒂玛感到害怕。

"是的。"阿尔贝托老师说，"大自然非常聪明，为我们准备好支撑身体的骨架。让我们为骨头欢呼！"

"万岁！"孩子们喊道。

"骨头虽然非常强壮但也会被打碎。"艾尔维拉马上指出，"我有一个朋友的手臂就骨折了，伤得很重。"

"当然，骨头可以被打碎！"科学老师证实道，"但幸运的是它们也可以被治愈。"

"没错，"艾尔维拉补充道，"我朋友戴上了石膏，一个月里她的手臂几乎都动弹不得。"

"石膏是为了防止断掉的骨头再次移动，并让它们再次黏合起来。无论骨头多么强壮，你们玩耍时都要小心，以防骨头受伤。"

他们都点点头。玛丽娅那水晶般的身体在灯笼的照耀下闪闪发光，空荡荡的大厅里一片沉默。

"那根长长的从上到下贯穿整个背部的骨头就是脊柱。"阿尔贝托轻声说道，"它实际上不是一根骨头，而是许多被我们称为椎骨的骨骼的结合体。多节椎骨一块接一块地组成脊柱。脊柱非常重要，你们知道为什么吗？"

孩子们陷入沉思，发出犹豫不决的唔唔声。

见没人回答，阿尔贝托解释道："脊柱就像骨骼的中心，是骨头中最强壮的部分，支撑着所有其他的骨头。人类可以站立走路，而不是像大部分动物那样四肢着地，得益于强大的脊柱。"

多酷啊！用两条腿走路当然比用四条腿好多了，这样我们的手就可以自由地抓住我们所需要的东西，而很多动物只能用嘴巴去咬住东西。我们不喜欢这样做，比如，我们用嘴巴咬住一本书。这样翻页多难受啊！

"另一个非常重要的骨骼是头骨，你们知道它在哪里吗？"阿尔贝托问道。

法蒂玛回答道："它在头上！"

"没错。"阿尔贝托说，"头骨就是我们触摸头部时可以感受到的那块坚硬的骨头。实际上它就像脊柱一样，也是由几块骨头组成。头骨非常重要，它可以保护大脑。大脑是了不起的，它可以让我们做很棒的事，比如思考和保存记忆。你们看到了吗？"阿尔贝托指着玛丽娅的水晶般的大脑补充道，"在这里，被坚硬的头骨保护起来的就是我们的大脑。多亏了大脑，我们可以想象、交流、学习、记忆和感受我们周围发生的事情。"

"如果身体看起来像一台机器，那么大脑就像整台机器的控制中心。"佩德罗如此联想道。

"是的。我们在脑海中保存记忆，记住所学到的东西、朋友的名字以及如何从一个地方到另一个地方的路线。大脑让我们可以思考并理解所听到的话语，让我们可以学习知识。同时它也接受感官所告知的信息，比如我们是用眼睛来看东西对吧？"

"是的。"孩子们回答道。

"其实这种说法既对也不对。眼睛给我们带来了光，但其实是大脑形成了我们所看到的图像，因此实际上让我们看到东西的是脑部。当我们听到声音的时候，我们用耳朵收集声音，但由脑部来识别声音。当我们感到刺痛时，脑部告诉我们某个东西伤到了我们，这是神经，也就是这些贯穿整个身体的白线，会给脑部带来刺痛的感觉，让脑部告诉我们：小心！你被某个东西刺痛了，很疼！快移开！"

"现在我明白脑部得到坚硬的头骨的保护是多么有用

了！"安德烈斯感叹道。

"确实如此！"阿尔贝托证实道，"我告诉过你们，我们的心脏不会停止跳动，肺部也不会停止呼吸，那是因为脑部让我们睡觉时保持心脏和肺部的正常运转，它从不会完全睡着！你们喜欢做梦吗？"

"只喜欢美梦，"孩子们齐声说道，"不喜欢噩梦。"

"那些梦正是脑部在你们睡觉时思考的事情，因为整个脑部不会完全睡着，它的一部分会继续工作，并且制造出梦。"

"多酷呀！"孩子们感叹道，现在他们知道梦是如何产生的了，美梦和噩梦都是如此。

时间在流逝，他们兴奋地看着玛丽娅的水晶般的身体，这是一台由许多零件组成的机器，而这些不同的零件在一起配合运作得很好，让我们能够维持生命。每个零件都履行着自己的职责：肺负责收集氧气，胃要处理食物，血液向每个细胞输送氧气和营养，骨骼支撑着肌肉，神经将感觉传递到脑部，而脑部这个大老板不止不休地指导着一切。我们的身体是一个伟大的结构，每个部分都一直在忙碌的运作中发挥作用。它非常了不起，我们必须照顾好它。我们经常锻炼，身体才能变得强壮。我们吃水果和蔬菜等营养丰富的东西，身体才能获得维生素。我们睡个好觉，身体才能得到休息。

"你们想要按下第二个按钮让玛丽娅校长恢复正常吗？"阿尔贝托提议道，"我们还要继续探索洞穴的其他区域呢。"

他们点点头，还想参观更多神奇的出口。于是阿尔贝托走到带有标志的墙边，按下那个让人恢复正常的按钮。一瞬间，他们再次听到了诡异的低语，仿佛是"咕噜咕噜咕噜"的声音。玛丽娅的身体开始变小，她的皮肤不再透明，身体不再像公共汽车那么大。按钮起作用了。他们一直看着，感到兴奋不已。

在那一刻，那只无知的怪物意识到，这是一个让它抓住孩子的好机会。趁着他们都在聚精会神地关注着玛丽娅身体的变化，它可以给他们来一个措手不及。它嗅着空气，寻找离他最近的孩子的气味。而离他最近的，也就是比其他孩子站得稍后一些的正是佩德罗。无知的怪物从后面悄悄地接近可怜的佩德罗，突然间一把抓住他，并从神奇大门快速逃走！这一切发生得太快了，没有人反应过来！

佩德罗甚至没来得及尖叫，只感觉到一只毛茸茸的手捂住了他的嘴，另一只毛茸茸的手抓住了他的腰，就把他带走了。那只丑陋而孤独的怪物成功地抓走了佩德罗！接下来会发生什么呢？

当时，透过眼角的余光，法蒂玛似乎感觉到有个影子从她的背后闪过。她惊恐地转身，看到一个毛茸茸的家伙把可怜的佩德罗带走了。她尖叫起来，用尽所有的力气喊道："哎呀！有一只怪物抓了佩德罗！"

其他人都转过身来，瞥见背着佩德罗的怪物正从洞穴的小径逃跑了。

"快！我们追上他！"阿尔贝托喊道。

刚恢复成正常人的玛丽娅校长什么情况都不清楚，她有些半眩晕地问道："怎么了？"

"洞穴中有只怪物，它带走了佩德罗！"大家冲出去时齐声回答道。

但他们跟丢了怪物，洞穴中有许多不同的角落和小

无知的怪物

路，一时之间，他们不知道怪物逃到了哪里，于是在一个充满钟乳石和石笋的大厅停下，他们举着手电筒却不知道该往哪里走。寂静之中，水珠滴落在地面上，发出响亮的声音——"扑通、扑通"。无论如何，他们必须找到佩德罗！此时他们只能大声地呼唤。

"佩德罗！"安德烈斯呐喊道。

"佩德罗！"法蒂玛尖叫着。

"佩德罗，如果可以，你说些什么吧！"艾尔维拉全力以赴地喊道。

但没有任何回应。当然，怪物听见了他们的声音，因为他有超级敏锐的听觉。它躲在石头之间的洞里，用毛茸茸的手堵住了佩德罗的嘴。其他的孩子感到绝望，声音越喊越大："佩——德——罗！"

这叫声真烦人呐，怪物心想道。不断传来的尖叫声开始让它头疼，毕竟它习惯于沉默和孤独！

"佩——德——罗！"安德烈斯、法蒂玛、艾尔维拉、阿尔贝托和玛丽娅再次用尽全力地喊起来。怪物厌倦了他们的尖叫声。他们永远停不下来了吗？直到他们再次喊出来时，怪物用奇怪而沙哑的声音说道："够了吧？你们别叫了！真让我头疼！"

每个人都吓傻了，洞穴里那个可怕的家伙竟然能说话！它回答了他们！但由于怪物沙哑的嗓音所产生的回声响彻整个洞穴，他们无法分辨这声音从何而来。

"马上放了佩德罗，你这丑陋又恶心的怪物！"艾尔维拉喊道。

"噢，你们要知道，我抓住他可费劲了！"怪物的声音在洞穴里隆隆作响，"你用不着骂我是个丑八怪！"

"你就是丑，比超级丑的家伙还要丑！"安德烈斯喊道。

"我才没那么丑！"怪物被激怒，声音再次传来，洞穴里响起一阵阵回声。

"安静下来，"阿尔贝托对大家说，"我们没必要激怒它，我们试一试能不能跟它谈判吧。"

"与怪物谈判？"法蒂玛惊讶地说道。

"有何不可呢？"这位科学老师回答道，"它可以说话，还能理解我们的意思，也许它并不是什么怪物。由于它的听觉很敏锐，尖叫声让它感到很烦躁，对吧？好了，现在我来试一试。"

无知的怪物

阿尔贝托转过身来大声地说："听我说，你叫什么名字呀？"

过了一会儿，那个沙哑的声音回答道："人们称我为无知的怪物，我不知道为什么。我住在洞穴里很长一段时间了，不知道是谁给了我这个名字。"

"你的爸爸妈妈呢？"艾尔维拉好奇地问道。

"我不知道，我不知道我有没有爸爸或者妈妈。我已经很老了，什么都不记得了。现在别烦我了！我需要孩子，这样就不会觉得自己太老了。孩子可让我恢复活力。"

"听着，无知的怪物，"玛丽娅说，"如果你老了，就没有权利带孩子。把孩子放回来，我们会离开的，不会再打扰你了。

"哈哈！"然后怪物笑了，"你还叫我把孩子还回去！你不明白我需要孩子吗？"嘶哑的声音到处响起。

法蒂玛说："如果你不放了佩德罗，我们就会一直大喊大叫，直到你头疼欲裂。"为了证明这一点，她开始像疯了一样尖叫。

当然，怪物因无法忍受尖叫声而头疼。

"好了，好了，现在闭嘴！我的耳朵很敏感！我们来谈判吧！"怪物一只手抓着佩德罗，另一只手捂住自己的耳朵说道。

他们都平静下来，这个可怕的家伙愿意讨价还价，也许还有机会把佩德罗解救出来。

"我跟你们做一个交易。"无知的怪物说道，"你们看，我不知道的事情有很多，我不知道世界是什么样的，有时我感到很好奇，所以交易如下：我会向你们提出五个问题。你们每答错一次，我就会把你们其中的一个人带走，如果你们五个问题都答对了，我就放了佩德罗。你们同意吗？"

他们陷入沉思，总共有五个问题，可他们是六个人，四个孩子和两个老师，怪物已经有了一个佩德罗，很明显，怪物的目的是抓住他们所有人。如果它提的问题很难回答，六个人最终都被困在这个毛茸茸的家伙的巢穴里的话怎么办？他们不知道该怎么回答，直到阿尔贝托说："我们别无选择，只能接受。只是，如果没有回答正确，我们将永远见不到佩德罗，这个无知的怪物看起来很有头脑！"

　　　　　　　　　　　　　　　　无知的怪物

其他人都点点头。

"好吧，怪物，"他们说，"第一个问题是什么？"

"我有两个条件，"那个沙哑的声音回答道，"第一，问题只能由孩子来回答，老师回答的话就不算数，因为老师知道得很多。第二，佩德罗正在变得越来越小，过不了多久他就会变成一个婴儿，因为我用他们的时间滋养自己，这样我就不会那么老了，我不知道这是为什么。因此你们回答问题的时间不能太久，否则佩德罗将变成一个婴儿，并最终消失。你们接受挑战吗？"

他们想了想，这让情况变得更加困难了，如果怪物把他们全部带走了怎么办？

"你们别骗我，这样会被我发现的，我在密切地监视你们，你们作弊的话我永远不会放了佩德罗，同意吗？"

"好的。"阿尔贝托和玛丽娅忧心忡忡地说道，他们相信孩子们会说出正确答案的。

"从现在开始，大人不要回答！"怪物用响彻洞穴的嘶哑声发出警告，"否则我会永远带走佩德罗！"

"好吧，"法蒂玛非常坚定地说，"让我们尽快完成吧，第一个问题是什么？"

想到自己也许可以拥有四个孩子和两个大人，无知的怪物很高兴，它将从他们身上获得许多时间。它想先问一个非常复杂的问题，它花了一些时间思考，才郑重地说了出来。

"我想到了！"它用深沉的声音喊道，"世界上有很多事情是我不了解的，不过让我最好奇的一点是，为什么物体离开我们手中时会掉到地上？这就是我的第一个问题。"

它确信孩子们不知道这个问题的答案，这样它就可以抓到另一个孩子了。

★　★　★

然而，孩子们松了一口气。当然，这个问题不容易，但无知的怪物不知道他们刚刚探访了一个神奇的出口，在那里他们从宇宙中学到了很多东西。

"孩子们，请记住我们的第一次参观。"阿尔贝托低声说道。

"安静！那个大人闭嘴！"怪物抗议道。

法蒂玛、安德烈斯和艾尔维拉聚在一起，不久就达成一致，然后由艾尔维拉发言："我们知道答案了，无知的怪物，物体是因为引力而掉落到地上的。"

"引力？这是个什么词？"感到疑惑的怪物发出低沉的声音，"我从来没有听过这个词，也不知道它意味着什么。"

"引力是一种可以吸引所有事物的力量。"回忆起太空之旅的安德烈斯解释道，"怪物，你要知道，宇宙的每个地方不是都平坦的，当一个天体有一定质量时，周围就会弯曲，并产生一个坑，某个物体遇到这个坑时会发生什么呢？它们会掉进去。引力就是这个坑所产生的力量。我们所生活的地球的质量非常大，在宇宙中产生了一个非常大的坑，所以物体从我们手中掉下后就会在地球所形成的坑中滚动，直到它到达地面。"

"知道了吗？我们答对了，"艾尔维拉补充道，"你这个问题的答案就是引力。"

无知的怪物沉默了一会儿。它感到很矛盾，一方面，它对他们知道答案而自己无法带走孩子感到不安，另一方面，它很高兴得知了引力是什么，它想象着一个物体沿着坑掉落的场景。它希望有一天，有人来问它为什么物体会掉到地上！它会非常自豪地回答"那就是引力"。不过它想起自己待在这个洞穴里，没有人会来问它，它也就不能吹嘘自己所学的知识了……

"好吧，你们已经回答了第一个问题。"它的声音在洞穴的黑暗中响起，"你们之中有一个人可以逃脱了。接下来是我的第二个问题：为什么世界上会存在如此多不同种类的动物？这个洞穴里有会飞翔的蝙蝠、会爬行的蛇、会织网的蜘蛛，还有会刺人的蝎子。我想知道为什么它们会如此不同。"

孩子们兴奋地鼓起掌来，他们之前去了那片有恐龙的草原，学会了进化是什么！真是再幸运不过了，这个问题的答案他们也知道！

"答案就是生物的进化。"艾尔维拉大声而清晰地说道，"在你说'进化'又是个生僻词之前，怪物先生，我先向你解释一下，生物根据它们所处的环境而逐渐发生变化，从而变得更加适应环境。经过非常漫长的时间，同一个物种会逐渐发生改变，从而获得更多的食物，或者保护自己免受其他物种的伤害。"

"就像长颈鹿一样，"安德烈斯补充道，"以前的长颈鹿是没有这么长脖子的，那时它们不能叫长颈鹿，后来，它们之中脖子稍长一些的能从树上吃到更多的叶子，于是它们后代的脖子进化得越来越长，变成了现在的长颈鹿。"

对于无知的怪物来说，这个解释似乎很奇怪，"哦，"它说，"这还不足以说服我。这个洞穴是一个独特的地方，这里为什么有这么多不同的虫子？"

"是的，"法蒂玛解释说，"每一种虫子都在某一方面有所专长，就像长颈鹿以长脖子吃高处的树叶那样。再比方说，蝙蝠可以飞来飞去捕捉蚊子作为食物，还能在高处的裂缝中避难，它们的身体已经发生了一些变化来适应这样的生活。而蛇则隐藏在低矮的裂缝中爬行，能捕食在地上爬行的昆虫。"

"好吧，那蝎子呢？它们为什么刺人？"还是不太相信的怪物问道。

艾尔维拉叹了口气，轻声吐槽道："这个怪物太傻了。"

"好吧，进化是很难理解的，"安德烈斯说，"别叫它傻瓜，有点耐心嘛。"

"蝎子专门用毒素进行狩猎，"法蒂玛向怪物解释道，"它为了保护自己，或者为了吃其他虫子而去发起攻击，这就是它的尾巴非常长，顶端还带着尖刺的原因。你明白了吗？进化是发生在生物身上的变化，进化永远不会停止，所有生物都发生了改变，从而更好地适应我们所生活的地方。"

无知的怪物实际上并不是个傻瓜，它只是从来没有去过学校，也没有读过一本书，但它确实有一些智力，因为它在一点点地理解什么是进化。

"也就是说，"它用沙哑的声音反思道，"所有的动物应该在最初看起来都是很像的。"

"当然，"艾尔维拉说道，"在很久之前，可能所有的生物都是一个物种。从那个原始的、非常小的存在渐渐演变出现有生物的后代，它们有的变得更大，有的长了翅膀、羽毛或牙齿。这个进化就是你问题的答案。"

无知的怪物感到非常高兴。谁能想得到呢！它刚刚学到了不起的东西！它甚至没有为失去机会抓走另一个孩子而感到难过。现在至少有两个人会安全地离开洞穴。

"你们很聪明，孩子们，我觉得我很傻，"怪物哀叹道，"我从来没有机会去学习。"

"来吧，别啰嗦了，现在问第三个问题吧。"阿尔贝托抗议道，他希望马上就抱着佩德罗离开这个洞穴。

★ ★ ★

在沉默中，他们只听得到水滴的嗒嗒声和毛茸茸的怪物那沙哑的呼吸声。怪物经过一段时间的思考，问出了第三个问题：

"人们都说我吃小孩，但这是个谣言。我只吃洞穴墙壁上生长的苔藓和植物。我的问题是，为什么我不能吃肉？我甚至无法试着吃肉来看我到底喜不喜欢肉！"

毫无疑问，这是三个问题中最简单的一个。

"因为你是食草动物。"法蒂玛回答道。

"因为你不是食肉动物。"安德烈斯补充道。

"因为你的胃不适合消化肉类，"艾尔维拉解释道，"但别担心，不只是你，还有很多动物不能吃肉。大象、鹿和牛是食草动物，都只吃植物。"

"还有长颈鹿。"怪物说道。

"没错，"安德烈斯证实道，"可是你从来没离开过洞穴，你怎么知道什么是长颈鹿？这里又没有长颈鹿。"

"我不知道长颈鹿长什么样子，"怪物有点难过地说，"你们之前告诉我的那样，长颈鹿只吃叶子。"

孩子们惊讶得面面相觑。

"你们看到了吗？它其实没那么傻。"校长玛丽娅说道，"它明白只吃叶子的长颈鹿是一种食草动物了，即使它从来没有看到过长颈鹿。"

"啊，有一天我想摸一摸那个有着长长脖子的动物。"怪物承认道。

"那离开洞穴和我们一起去看看吧。"艾尔维拉如此提议，"当然你要放了佩德罗。"

"我不能离开洞穴。"

"为什么不能呢？"

"不能就是不能。"怪物打断了谈话，但这并不意味着它害怕在外面发现什么。它补充道："胃是什么？你们说我的胃不能消化肉。"

"胃是身体中粉碎与溶解食物的器官，"法蒂玛回答道，"人的身体有很多不同的部位，我想怪物的身体也是这样。身体的每个部位负责完成一项任务，大脑负责思考、控制与保存记忆；心脏驱动血液流动；肌肉让我们能够移动身体；骨骼用于支撑肌肉；胃负责处理食物。"

"你不知道吗？"感到奇怪的艾尔维拉问道。

"不知道，"怪物有点尴尬地承认，"我已经告诉过你们，我一直独自住在洞穴里，从没上过学。这真是个沉重的话题啊。"

"我们已经有三个人可以离开这里了，因为我们回答对了三个问题，"阿尔贝托在无知的怪物生气之前打断了对话，"赶紧来问第四个问题吧。"

怪物坐在它的巢穴里，看向睡着了的佩德罗，意识到如果自己不想失去他，就必须提出一个非常难的问题。它绝不要孤独终老，所以它想了又想，又发现了一件让它非常好奇的事。

"在很多年前，当我还能看到东西时，我用锋利的石头割伤了自己，看到了我的血是红色的，那是非常深的红色！我惊呆了，我不明白原因，接下来就是我的第四个问题：为什么血是红色的？"

孩子们听完都呆若木鸡。这个问题看起来很简单，但是他们不知道答案！他们从未研究过为什么血液是红色的，也没有人向他们解释过。

阿尔贝托和玛丽娅也很惊讶。当然，他们知道答案，他们是老师，但如果他们把答案告诉孩子们，怪物将永远地带走佩德罗。接下来会发生什么？唉，看来他们最后要输了！

"哈哈！"无知的怪物笑着说，声音比以往任何时候都更响亮，"我感觉到这次你们不知道该说什么了。你们并没有看起来那么聪明嘛！我可以从你们中挑一个带走了！"

怪物一方面很开心，另一方面却因不知道血为什么是红色的而沮丧。它是一个可笑的家伙，一个毛茸茸的、孤独的，同时好奇心强的家伙。

"等一会儿，"校长说，"这个问题看起来简单，但对于孩子们来说是非常困难的。无知的怪物，你可以给他们多一些时间，让他们多思考一下行吗？"

"这个嘛。"怪物在琢磨着。

"好吧，"它终于答道，"我让你们思考思考，但是要记住，时间过得很快。这个被我抓来的小孩多大了？"

"佩德罗九岁了。"艾尔维拉回答道。

"我在吸收孩子的时间，我觉得佩德罗现在看起来像一个只有六岁的孩子，"怪物说，"他正在变小，如果你们要花很长时间来回答我，他将变成一个婴儿，然后会消失。如果我是你们，肯定会抓紧时间的。"

在巢穴中睡着了的佩德罗正在变得越来越小，他将再次成为一个婴儿！既然小孩会经历出生，那佩德罗会"重生"吗？然后他会去哪儿？小孩在出生前是在哪里呢？

"我们只能做一件事，"忧心忡忡的阿尔贝托说道，"我们只能再次穿过洞穴，看看是否有另一扇神奇的大门向我们展示答案。我们必须快点去，这样佩德罗不会变得太小，好吗？"

安德烈斯、艾尔维拉和法蒂玛非常沮丧地点点头。

"来吧，别说了！前进吧！我们会成功的！"校长鼓励孩子们。

于是他们在洞穴里走来走去，寻找一扇可以来拯救佩德罗的门。他们真的能回答这个如此复杂的问题吗？如果你往后看，很快就会知道了！

第三部分：大自然的阶梯

当他们在路上时，安德烈斯低声对校长玛丽娅说："如果你悄悄告诉我们答案会怎么样？怪物听不见我们说话的。"

校长摇了摇头否定道："你要知道无知的怪物有非常敏锐的听力，它习惯了这个洞穴的沉默，听得到任何声响。如果它知道我们骗了它，它将永远带走佩德罗。"

"当然了！我正在监听你们！"怪物从洞穴底部用沙哑的声音喊着，"如果你们作弊，我就会打破协议！"

他们别无选择，只能继续走到神奇洞穴的下一个出口。幸运的是，他们很快就找到了出口。这次出口呈现出鲜艳而浓烈的黄色。

阿尔贝托伸出舌头，但这次为救佩德罗他非常着急，没转身就喊出了那个词"奇迹亚克"。

门像往常一样打开，从坚硬的岩石变成浓汤和奇怪的气体。大家聚在一起，探身看看另一边有什么。他们发现了一个巨大的楼梯，每一级台阶都非常高，并不断地向下延伸，直到消失在他们的视野中。这个楼梯不仅非常长，而且还飘浮在空中！在第一级台阶上，这些词在闪闪发光：

我是，

整个大自然的阶梯。

你每走一级台阶，

将进行一次全新的旅行。

如果你单脚跳下，

将会知道血液为何是红色的。

"我们可以在这里找到问题的答案！"法蒂玛高兴地说，"我们得单脚跳向这个奇怪的楼梯！"

说完，她就单脚跳上了第一级台阶。接下来发生的事情令人难以置信。他们突然发现自己再次飘浮在太空中，但这次他们离地球很近，眼前这个蓝色的地球显得无比巨大，看得到它的云层、海洋、大陆以及城市。月亮、太阳和其他行星环绕着地球，看起来像挂在树上的果子，仿佛一伸手就可以抓到它们！

"哎呀，我们再次成为宇航员了。"法蒂玛感叹道。

"太阳系是地球所在的地方，"阿尔贝托轻声说道，

"注意，所有行星都围绕太阳旋转，太阳正位于太阳系的中心。"

"但月亮围绕着地球旋转。"艾尔维拉说道。

"没错，"阿尔贝托说道："月亮不是一颗行星，而是一颗卫星。卫星围绕行星旋转，而行星围绕太阳转。这就是卫星与行星的区别。"

看着整个太阳系就像观看一场宇宙之间的美丽舞蹈。天体纷纷起舞，没有音乐相伴，但充满着秩序与力量。

安德烈斯说："我不知道这跟血液是红色的有什么关系。"

没错，每个人都在这么想。"我们来单脚跳向另一级台阶吧！"他们再一次跳起，然后降落在了一座普通的城市，里面有行人，汽车和正在营业的商店。

"我真是搞不懂，"艾尔维拉说道，"刚才在太空中看到地球，现在我们已经下来到达地面，来到了一座很普通的城市，看到的不过是我们平时看到的几乎一样的东西。"

每个人都感到有点困惑，不知道那个梯子想带他们去哪里。

无知的怪物

"好吧，"校长说，"我认为梯子将我们从大的物体带到小的物体。这很有可能，对吧？我们已经看到了非常广阔的宇宙，现在我们在地球上一个城市之中，也许下一级台阶将把我们带到更小的地方。所以让我们继续跳吧，看看会发生什么。"

于是他们都单脚往下跳了一级台阶。这次他们所看到的东西让他们张大了嘴巴。他们来到一只兔子的身旁，但这不是一只普通兔子，而是一只巨大的兔子！幸运的是，这只兔子在静静地啃胡萝卜而没注意到他们，兔子的每颗牙齿都像床一样大。

"是的，我说得没错！"玛丽娅非常高兴地喊道，"这个楼梯带我们从巨大的物体到微小的物体！我们正在不断深入小的世界，从宏观进入微观。值得注意的是，宇宙中有的物体很大，但它们都是由比较小的物体而组成的，较小的物体则由更小的物体组成，如此无穷无尽，就像俄罗斯套娃一样，在娃娃里面还有一个更小的娃娃。"

孩子们都点点头，但他们有一个疑问：

"这个阶梯的尽头有什么？最小的东西在哪里？"好

奇心最强的艾尔维拉想马上解答这个疑问。

"接下来我们来展开调查，"阿尔贝托提议道，"我们再跳一步吧！"

★ ★ ★

他们再一次单脚跳起，然后落入了那只大兔子的体内！他们身处它的皮肤内侧，当看到红色的血液流经血管时，他们惊讶不已。他们还可以看到其他身体部位：肺、脑、胃、肠……从内部构造来看，兔子的身体与人的身体非常相似。当然，这是因为动物内部构造看起来都很像，它们源于一个大家庭。

"我们现在是在一只兔子的身体里！"艾尔维拉感叹道，她强调"在里面"，因为这让她有点害怕，"如果我们再跳下一步会到达哪里呢？"

"我觉得我们会到一个无法用肉眼看到的世界中去，"阿尔贝托回答道，"一个只有用显微镜才能看到的世界。如果我们想救出佩德罗，就必须快点行动起来。最终我们需要仔细地观察血液，会知道为什么它是红色的。"

没再多说一句，这位科学老师抬起脚，就先跳到了下一级台阶上，这样他们进入了微观世界。这个地方很奇怪，球体在空间中滚来滚去，奇怪的液体到处飘浮着，有些像无头的蠕虫在膨胀和缩小，还有些则像彩色的气球跳动着并释放热量。

"好了，现在我们快到大自然阶梯的底部了，"玛丽娅说，"我们现在看到的正是兔子的细胞！你们还记得细胞吗？我们也变成了一个细胞的大小，所以可以很好地观察它们。"

法蒂玛、安德烈斯和艾尔维拉从来没有见过生物的身体在微观尺度上看起来是这样的。大量细胞从一侧到另一侧进行循环，携带着氧气与来自食物的营养，或者在排泄废物。这番忙碌的景象看起来让人头疼，但所有这些细胞和液体在一起井然有序地工作着。这就是一只兔子的微观结构。

"看！"阿尔贝托突然喊道，"那条血管中有红色的细胞正在通过！红色的细胞！我们在接近答案了！"

当然！在兔子的血管中有许多红色的细胞正在循环着。红色的细胞是如此之多，从而让血液看起来是红色的！

"血液中的这些红色的细胞被称为红细胞，"校长玛丽娅说道，"它充满了铁元素，铁能很好地捕获氧气，血液从肺部获取氧气后，将氧气随身体各处，送往每个需要呼吸的细胞。铁元素是红细胞的关键成分。"

"那么血液是红色的，是因为它有很多红细胞，对吧？"艾尔维拉思考道，"也许怪物会对这个答案感到满意。"

"我不这么认为，"阿尔贝托说，"这个怪物很有头脑，会问你为什么红细胞是红色的。我们必须找到那个最终答案！"

"那么我们必须进一步了，"法蒂玛非常坚定地说，"来吧，我们跳向自然阶梯的下一级吧！"

啊哈，所有人都单脚往下跳一级台阶。随后，他们意识到自己降落在一个红色的细胞里了，这个细胞在兔子的身体里，兔子在城市里，城市在飘浮于宇宙中的地球上。他们已经深入到非常微小的世界层面！

从内部观察一个红细胞，这给人留下深刻的印象。这里面又热又潮湿。此外，他们依旧看到小的球体从一个地方移动到另一个地方。

校长玛丽娅说："你们看到的那些球体是蛋白质和维生素，有些是身体里已有的，有些来自我们吃的食物。细胞内有充足的蛋白质和维生素是非常重要的，它们给我们提供力量，让我们保持健康。如果把人体比作一座工厂，蛋白质和维生素就像工厂的工人一样。没有工人，工厂就无法运作！"

在红细胞内，他们看到铁元素在静脉中以极快的速度来回输送氧气，而细胞内的维生素和蛋白质伴随着浓稠的液体在不停地移动，法蒂玛意识到，大自然的阶梯只剩下最后一级了，"噢，我们只剩一级台阶就可以找到答案了。如果我们继续跳下去会怎么样呢？"

他们慌忙地看着最后一级楼梯，"它应该会把我们带到最小的物体中去，可大自然中什么是最小的？"实际上，他们有点害怕这最后一跳。

"我相信，"玛丽娅低声地告诉他们，"我们将进入原子的世界，原子是物质世界中最小的组成部分。蛋白质和维生素以及世界上存在着的一切，都由原子组成。原子非常微小，即使在显微镜下也无法看到。"

"原子真的看起来很小吗……"法蒂玛如此思考道。

"原子是物质的最小组成部分，"阿尔贝托说，"比如一块铁，想象一下，如果用一种可行的方式来切这块铁，把它切得越来越小，那么最后是什么？"

　　孩子们陷入了沉思。

　　"最后是铁原子，因为它太小了，我们无法再切割它，否则它就不再是铁了。"阿尔贝托说。

　　"你的意思是，"艾尔维拉问道，"物质只要还是原来那个物质，原子就是它最小的部分吗？"

　　"是的，"阿尔贝托说，"宇宙中存在的物质都是由微小的原子组成的，不同的物质千变万化，但构成它们的原子总共只有一百多种，这些原子相互组合从而创造物质。比如说水，你们知道水是由什么构成的吗？水由两个氢原子和一个氧原子构成，我们所呼吸的氧气是由两个氧原子构成的，你们还记得吗？"

　　"让我说说，看我理解对了没有，"安德烈斯深思熟虑地说道，"氧原子是氧气的组成部分，但如果它与其他原子组合，就会出现新的物质，比如水，你说的是这个意思吗？"

　　"正是如此，"玛丽娅肯定了他的说法，"研究原子

　　　　　　　　　　　　　　　　　　　无知的怪物

如何组合在一起的科学称为化学。你们要知道，世界的物质分为纯净物和混合物。纯净物又分为单质和化合物，氧气是一种单质，水是化合物。"

★ ★ ★

原子的世界看起来确实很奇怪。他们能否跳到最后一级台阶，在那里找到怪物的所需要的答案呢？

"既然已经到了这里，我们就不会当懦夫，"法蒂玛说道，"我们会走到最后一步，不是吗？"

他们做好准备，闭上眼睛，单脚跳了下去！他们进入世界中最小的那层，也就是原子的世界。

他们再次睁开眼睛时，遇到了一个很奇怪的东西，那是一种像云一样柔软的球，它会震动、旋转和摆动。

"在你们眼前，"阿尔贝托高兴地揭晓答案，"正是一个纯净的原子。"

"哇塞，"艾尔维拉惊讶地说，"原子不像球那样坚硬，看起来更像是一片明亮的云。"

校长玛丽娅笑了："当它独自飘浮在空中时，原子就是能量。它振动、颤抖，像海浪一样有起伏的波浪，充满着力量。它的力量非常强大，可以一会儿在这儿，一会儿又出现在另一个遥远的地方。没错，比起一个坚硬的球，它更让人联想起天空中柔软的云。但如果你摸它，"校长补充道，"来看看会发生什么。"

好奇的艾尔维拉微微颤抖地伸出手指触摸那团原子，她希望手指像穿过烟雾一样穿过它，然后从另一端伸出来，但事实并非如此。相反，当艾尔维拉的手指碰到原子时，原子突然变成了一个坚硬的球。

艾尔维拉抽筋似地立刻收回手指，真可怕呀！

"你们看到了吗？当一个原子与其他东西接触时，它就不再像一团云，而变成了一个坚硬的球，"校长玛丽娅解释道，"科学家称这种球为粒子。这是一个奇怪的词，对吧？当原子具有粒子的形态时，就成为我们可以触摸到的固体。也就是说，桌子是固体的，因为它由粒子形态的原子构成。"

"否则的话，我们就不能把任何东西放在桌子上了，"法蒂玛思考起来，"因为桌子就会是一团柔软的能量，桌上的东西都会掉到地上。"

"当然，甚至可能更糟，"阿尔贝托推测道，"会没有地面，宇宙只是纯粹的能量。幸运的是，原子在自然界中以不同的形式存在着，它既可以成为我们无法触及的能量，也可以变成坚硬的能被触摸到的粒子。"

"构成一张普通的桌子需要多少个原子呢？"安德烈斯问道。

校长思考一阵后回答道："我不知道，但这个数字应该非常大，以至于我们需要用很多张纸才能写下来。原子是非常小的，不仅是桌子，你、我、还有他，所有存在的东西，都由微小的原子组成。要记住，原子是构建大自然的基础。"

艾尔维拉收回手指后，原子再次成为一个充满能量的明亮的云团，这个过程很奇妙，而从云团变为粒子也是如此奇妙。

"有什么东西比原子更小吗？"法蒂玛想知道这点。

"科学家发现原子分为两个部分，"阿尔贝托解释道，"它的中心部分更明亮也更浓烈，这是因为几乎所有的能量都在中心。位于中心的称为原子核，位于外部更柔软的是电子。简而言之，原子包含两个部分：聚集在中心的原子核和环绕在四周的电子。"

"原子核在中心，电子在周围旋转，"安德烈斯慢慢重复道，"我不想忘记原子的结构，真酷啊！"

他们看着发光的原子，兴奋不已，在他们眼前的可是自然界最小的部分。他们伸出手指摩擦原子，将它变成粒子，然后把手指移开。他们体会原子如何变成一个粒子，又变成能量的过程。

★ ★ ★

艾尔维拉突然想到了一点："那光呢？它也是由原子构成的吗？"

"这个嘛，"阿尔贝托回答道，"光是由更小的部分组成的，你们想知道它的名字吗？"

"当然！"其他人回答道。

阿尔贝托睿智地说道："光的最小组成称为光子。光子具有粒子性和波动性，这种现象称为波粒二象性。每当一束光线透过窗户照进来时，你们要想到，它是由许多一起在太空中旅行的光子共同构成的。"

他们更加惊讶，谁能想到光也是由很小的部分构成的呢？物质的原子，光的光子，这一切都是由微小的部

氢

氧

水

原子核

电子

氢

分构成的。这让法蒂玛想起了建筑物也是一块又一块的材料组装在一起的。

安德烈斯专心致志地看着原子，好像爱上了它。这也是自然不过的，毕竟他们是第一批亲眼看到原子的人。他还提出了另一个问题："除了构成物质外，电子还有什么其他作用吗？"

校长玛丽娅很高兴她的学校有这么好学的孩子，微笑道："当然，原子中的电子非常重要，你们知道电力是什么吗？"

"这就是我们家的插头所连接的东西，"法蒂玛说，"这样我们就能使用电视、洗衣机、冰箱和其他所有电器。我们不能用手指碰它，因为那样会让你抽筋，还非常疼。"

"当然，你可不想摸到电。电就是松散的电子流，它们的力量非常强大，可以让所有的家电运作起来。很棒对吧？想象一下，没有电的生活多糟呀。"

"如果没有电，电脑就用不了。"安德烈斯说。

"冰箱也用不了。"艾尔维拉说。

"也不能看电视了。"法蒂玛说，"好可怕！"

　　　　　　　　　　　　　无知的怪物

原子和分子

　　原子是一个非常小的东西，由位于中心的原子核和围绕它旋转的电子构成，它们都非常小。那么，原子核内有什么更小的东西吗？有，原子核由两个更小的部分组成，分别叫作质子和中子。你知道组成质子和中子的东西叫什么吗？它有一个非常奇怪的名字：夸克。这听起来像海鸥的叫声！夸克！你能试着说出来吗？夸克！夸克！这名字真奇怪呀！如果现在你已经大声地喊出这个名字了，你就不会忘记它了。还有一点，组成一个质子需要三个夸克。

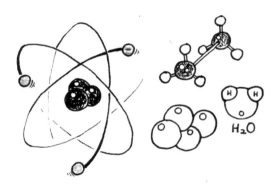

　　由于原子是由更小的粒子组成的，分为原子核和电子。有时电子跑到一边，原子核跑到另一边。当它们被射出，这种现象称为放射性。如果这个现象一次性发生在许多原子上，可能会很危险。一位非常聪明的女科学家玛丽·居里发现，原子是可以被打破的。玛丽·居里做出了很多重要的贡献，因此被授予诺贝尔奖。

你想知道分子中的原子是如何黏在一起的吗？答案很简单：它们共享电子。你可还记得，电子在原子核的外围转动。当两个原子共享其电子时，就会形成分子。你知道，分享总是好的。

无知的怪物

艾尔维拉突然有了一个想法："如果我们把两个原子放在一起会怎么样？这样会创造出一个新物质吗？"

"让我们来试一下吧。"阿尔贝托提议道，"你们看，这里有一个氧原子，让我们做一次实验。"

没错，氧原子散发着蓝色的光芒。

"那里有一个铁原子，仔细看，就是那个相当胖的，飘浮在远处的家伙。"

铁原子显得很强大，呈现出金属质感的灰色。

"来吧，我们把原子弄在一起。"法蒂玛说。

他们意识到可以通过吹气来让原子接近，于是他们很用力地吹，有人对着氧原子吹，有人对着铁原子吹。接着，眼前发生了很有意思的现象：当两个原子离得非常近时，它们便相互撞击并聚在一起了！本来是两个独立的原子，却手牵手在一起了。孩子们回想起校长之前所说的话：化学反应可以将原子联系在一起。

"我们刚刚做了一个化学实验，"阿尔贝托解释道，"原子与原子在一起玩的游戏。当原子聚集在一起时，就会形成一种叫作分子的东西，跟我一起念一遍：分——子——。"

"哎呀，分子，又是个奇怪的词。"安德烈斯抱怨道。

"好吧，那也不至于，"法蒂玛说，"一个分子是好几个原子的结合体，很简单，不是吗？我觉得这也是个有趣的词。"

但重要的是，他们眼前的分子不像氧气一样蓝，也不像铁一样灰。它们聚集在一起时，就变成了深红色。

艾尔维拉说："哇！快看，铁和氧形成的分子像血一样红。"

"没错，"校长玛丽娅表示，"你们有没有见过生锈的钉子，或者其他生锈的东西？铁制品会生锈，这是因为铁与空气中的氧气混合在一起，变成了红色。"

"现在你们知道了，大自然的阶梯已经给了那只怪物所要的答案，"阿尔贝托笑着说，"哪里也含有铁元素？"

"血液里！"法蒂玛、艾尔维拉和安德烈斯同时兴奋地大声喊出。

"血液来回流动时运输的是什么？"

"氧气！"孩子们回答道。

"当铁和氧在一起时会出现什么颜色？"

"红色！"孩子们大声欢呼。铁和氧在一起是红色

虚空非皆空

　　无知的怪物根本不是傻瓜，它只是不曾上学。大自然在表面看起来是一个样子，而在更深的层次上又是另一个样子。比如说，坚硬的东西不仅仅是一个单独存在的物体，还是原子的混合物；光不仅仅是光，还是由多个光子共同组成的。如果我们不学习，就永远不会知道大自然的本质是什么。这就是科学家所做的事，他们也非常好奇，像侦探或者孩子一样想知道一切。科学家总是有点孩子气，他们即便老了，还总是喜欢问为什么。

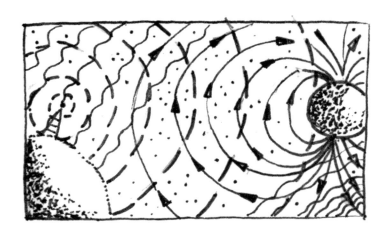

　　爱刨根问底的科学家会仔细观察正在发生的事情，并进行大量实验。他们发现虚空不是完全空的，想象一个没有任何东西的房间，里面没有家具，没有窗帘，也没有一幅画，它是空的吗？看起来是这样，但其实并非如此，房间内总会存在一些东西，至少会有空气！再比方说大海里，当你潜水时看到一片浩瀚的海底，里面没有鱼也没有岩石，它同样也不是完全空的，里面有什么呢？那当然是水了！

　　因此，宇宙中没有完全虚空的地方，就像陆地上的空气或海洋中的水，宇宙中一切地方都充满了被称为"场"的东西。我们看不到它们，很多时候也感觉不到它们，但它们确实存在，占据了所有的空虚之处。有一种场能将引力从这里引导到那里，它被称为引力场；有一种场将光从一个地方引导到另一个地方，它被称为电磁场。电磁场还能作为传输的信号波，可以通过手机传达我们所说的话。你看，电磁场很酷是吧！

的！血液是红色的，因为它含有铁和氧！

"很棒！非常棒！"阿尔贝托和玛丽娅也鼓起掌来，并高兴地欢呼道："你们是聪明的学生！你们找到答案了！"

他们高兴地拥抱在一起。只要他们动作快点，还有机会救佩德罗！

"快，一分钟也别浪费！"阿尔贝托鼓励他们说，"让我们尽快把答案告诉怪物吧！"

他们开始在阶梯上全力以赴地前行，从最小的地方来到最大的地方，从原子的世界跳到蛋白质、维生素和细胞的世界，再从细胞到兔子体内，然后进入城市，最后从城市来到在飘浮在宇宙中的地球。由于他们很快地穿过不同大小的世界，都感到有点头晕目眩，但他们很高兴学到了很多东西。最重要的是，他们庆幸自己知道了问题的答案，此刻迫不及待地想要告诉怪物！

阿尔贝托急忙喊道"奇迹亚克"，黄色的门再次打开了。他们来到门的另一边，然后不停地跑啊，跑啊，来到洞穴中怪物所在的地方。他们大汗淋漓，气喘吁吁，这场奔跑让他们疲惫不堪。接着，洞穴的通道中响起那只怪物的声音：

"你们花了好长的时间！"它抱怨道。"间——间——间——"的回声在洞穴中响起，"佩德罗现在已经变得更小了。怎么样？现在能告诉我为什么血液是红色的吗？你们肯定还不知道吧！"

"好吧，怪物先生，"法蒂玛说，"我会慢慢向你解释的，因为你会难以理解。"

"不许说我！"怪物抗议道。

"别说它了，不然它会生气的。"艾尔维拉劝说法蒂玛。

然而法蒂玛并不理会他们，继续说："怪物先生，你知道氧气是用来干什么的吗？"

"谁都知道，可以呼吸的。"怪物从藏身之处发出沙哑之声回答道。

"那你知道氧气是如何被运送到全身各处的吗？"

"知道，它是通过血液运送的，对吗？"怪物用不太确定的语气说道。

无知的怪物

"没错！哎呀，它没有看起来的那么傻，"法蒂玛心想，继续说道："好吧，那血液中的什么东西可以把氧气带到各个部位？"

怪物在琢磨着，最后它表示自己不知道，它的声音听起来有些失落。

"血液是用铁来运输氧气的，铁紧紧地附在氧气上，把氧气输送到身体的各个部位，就像卡车把食物送到城市各个地方一样。"

"好吧，血液中含有铁和氧气，"无知的怪物接受了这个说法，"可是为什么要说这个？"

"当铁和氧气混合在一起时，就会出现红色。这就是你想知道的答案。血液是红色的，因为它含有铁，并携带着氧气。"

此时洞里陷入一片沉静，毛茸茸的怪物似乎理解得很慢。

"也就是说，我的血液里充满了铁吗？铁会给我运送氧气？铁和氧气混合在一起会使血液变红？是这样吗？"

"没错，就是这样！"艾尔维拉不由自主地喊道，"氧气分子是由原子构成的，氧气会到达你的细胞，细胞还需要蛋白质和维生素等营养，然后……"

"停，别说了，别说了！"无知的怪物捂住耳朵，"这些奇怪的词我一个也听不明白。血液是红色的是因为它混合了铁和氧气就够了！我的头要疼起来了！"

听到怪物这个反应，大家都笑了。当然，知识必须一点一点地学习，洞穴里这只毛茸茸的家伙甚至没上过学，真可怜！

"你只剩下一个问题了，无知的怪物，"阿尔贝托提醒它，"如果我们答对了最后这个问题，你承诺会放走我们所有人的。"

"嘿，我可能是一个奇怪的家伙，"那个沙哑的声音回答说，"但我一直遵守自己的诺言。我无知，但不是个骗子。"

"好吧，那你问最后一个问题吧。"校长玛丽娅说道。

洞里再次陷入一片沉静。怪物应该在想一个超级难的问题，好让佩德罗留下来。他们屏住呼吸，祈祷这个问题不会太复杂。

"我已经想好了！"那沙哑的声音在钟乳石和石笋之间响起，"你们肯定不知道这个问题的答案！这是我一

生都在问自己的事情，我想了又想，还是一直想不明白，这是最难的问题！"

他们听到这阵充满悬念的声音，真是好紧张啊！

"最后一个问题，一个超级难的问题，那就是……"

他们的心脏伴随着这个悬念而响起"砰、砰、砰"的声音。

怪物问道："为什么我被称为无知的怪物？这个我完全不知道！"

当他们听到这个问题时，先是愣住了，然后像疯了一样笑起来。他们简直不敢相信！这个最难的问题却是很简单的问题！当然，这只可怜的怪物不这么觉得。

"不准嘲笑我！别笑了！"这个毛茸茸的家伙用沙哑的声音抗议，它因为不懂很多事情而感到困惑，它更不愿意听到这些笑声。

★ ★ ★

他们从大笑中缓过神来，阿尔贝托问道："好吧，谁来回答怪物的这个问题？"

"我来！"安德烈斯自告奋勇地喊道，"听着，怪物

无知的怪物

先生，答案很简单，人们称你为无知的怪物，因为你几乎一无所知，你知道的东西很少。"

"但请不要生气，"艾尔维拉补充道，"这不是你的错。既然你从没上过学，而且一直独自生活，没有爸爸妈妈，你没有学到知识也是正常的。"

怪物沉默了，但很快他们就听到了它叹息和哭泣的声音。这是真的吗？这个毛茸茸的怪物哭了！唉，真令人遗憾！他们感到惊讶，他们从没听过怪物的哭泣声。怪物也会感到悲伤吗？现在它看起来确实如此。

他们听到怪物在不停地抽泣，抽抽搭搭的。怪物边哭边说："你们赢了我！我会遵守诺言，放开这个孩子的。你们可以离开这个洞穴，可我将永远留在这里，再次变得孤独，越来越老，越来越悲伤，越来越无聊。"它再次哭泣起来。

怪物说到做到，不一会儿，佩德罗就出现在洞穴的路面上。但他不再是以前的那个佩德罗，之前佩德罗有九岁，而现在朝他们走来的是一个只有四岁的孩子。

"天呐！"安德烈斯惊讶地喊道，"怪物确实把孩子的时间吸掉了！它已经吸掉佩德罗好几年的时间了。"

现在的佩德罗大不同了，他身上的那件衣服显得太大了，他走路时差点被裤子绊倒了，鞋子也从脚上掉了下来。但他很高兴能回来，和大家拥抱在一起。"你好呀，佩德罗！"大家说，"再见到你真是太高兴了！虽然你变成了一个小孩子！"阿尔贝托和玛丽娅两位老师看起来有点担忧，现在把变小了的佩德罗带回去，他们要怎么跟他的父母交代呢？他的父母会生气吗？肯定会的，但至少他是安全的，这才是最重要的。

"来吧，孩子们，我们必须离开了，"阿尔贝托说，"免得那个毛茸茸的家伙后悔。"

他们转过身来，准备出发，而身后那个怪物仍在心碎地哭泣。实际上，大家一想到它会永远独自留在洞穴里，还是感到有点遗憾。当他们走得越来越远时，它再次开口说话了，回声响彻洞穴。

"你们真幸运！"怪物哀叹道，"不得不说，你们非常聪明，赢了我！我很傻，我会再次孤零零一人！我真傻！"可怜的家伙哭着对自己说。

法蒂玛再也忍不下去了，她回头看去，只见洞穴角落里一片黑暗，她问怪物："你现在打算怎么办？"

无知的怪物停下哭泣，它没想到会有人关心它。

"我？没什么打算，"它不知该说什么，"我感到无聊。好吧，有时候我会玩追逐自己的游戏。"

"你追逐自己吗？"安德烈斯感到很惊讶，"这真是个奇怪的游戏呀。"

"是的，有时也很有趣，"怪物一边吞口水一边说，"我平时藏在石笋后面，我看不见东西，我好像永远也找不到自己。我把自己变成一个球滚起来的时候最好玩。我还会在洞穴的墙壁上发出巨大的声音。"

他们倒觉得在黑暗的地方独自玩耍并不是什么好事情，反倒是很糟糕的事情。

"你住在这里不害怕吗？"艾尔维拉问道。

"还好，"那个沙哑的声音回答道，"我习惯了，最糟糕的就是会感到无聊。有时我也想看看洞穴外面的样子，那里很漂亮吗？"

"外面非常漂亮，"法蒂玛向它解释道，"那里有光和热，有河流、草地、城市，还有很多的玩具和鸟儿。"

"好吧，"无知的怪物说，"这里有蝙蝠，它们就像鸟儿一样。"

"哎呀！蝙蝠怎么可能像鸟儿一样美丽！"艾尔维拉反对道。

"对不起，"毛茸茸的怪物回答，"我不知道，我不知道，因为我失明了，我看不到它们。"它又哭了起来。

"我觉得这个怪物真可怜。"安德烈斯承认。

"是的，即使它抓了佩德罗。"艾尔维拉说。

"我也觉得很遗憾，"佩德罗补充道，"它永远住在这里，一定是很糟糕的。"

玛丽娅和阿尔贝托看了对方一眼，想出了一个主意。

"如果我们跟怪物说，它可以跟我们一起走呢？"他俩先后说道，"也许某个地方会有一所适合怪物的学校，我们可以带它出去，这样它不会感到孤单和无聊。你们觉得呢？"

孩子们都思索起来，这会是一个好主意吗？他们能把一个可怕的怪物带到学校去吗？当听到毛茸茸的怪物继续在哭泣，他们最终决定试试看。

"听着，怪物，别哭了，"安德烈斯喊道，"你想和我们一起走吗？"

现在，怪物惊呆了："我和你们一起出去？走出洞

无知的怪物

穴吗？"

它吸着鼻涕，惊讶地问道。

"当然了，"法蒂玛回答道，"这里没有什么好玩的，会很无聊的。去外面过正常的生活吧，别再待在洞中。"

无知的怪物沉默了，它不知道该说什么。它走出洞穴可能会发现奇怪的东西，这让它感到很紧张，但如果和这些人在一起……

"你们确定可以让我和你们一起出去吗？"

"是的，就像我们告诉你的那样。"

"你们不会丢下我的，是吗？"

"不会的！"

"你们会帮我找到合适的学校吗？"

"没错！"

"你们能保证吗？"那个沙哑的声音兴奋地颤抖着，它已经不再哭泣了。

"哎呀，你好烦呐，"艾尔维拉催促道，"你快来吧，我们会照顾你的，我们向你保证，别再磨磨蹭蹭的了。"

"好。"怪物接受了，它正在做出它生命中最重要的一个决定。"我相信你们，我要出去了。可是，你们看到我的时候不会害怕吗？我很丑……"

啊，这点他们从没想过。他们会害怕看到这只怪物吗？

"这样吧，"阿尔贝托提议说，"你慢慢地走出来，我们会用手电筒照亮你。"

怪物照他说的做了，从它的藏身之处慢慢走出来。它首先伸出毛茸茸的爪子，然后是毛茸茸的手臂，最后是它的脑袋。

孩子们也用手电筒照向渐渐露出来的怪物。它的腿和手有点可怕，但他们并没有感到太意外。不过，当他们看到它的脑袋时，确实吓了一大跳。这个家伙从上到下都覆盖着黑色的毛发，看起来像个胖乎乎的毛球。

"怎么样，我吓到你们了吗？对不起。"怪物向他们道歉。

"好吧，我们受得了，"安德烈斯回答道，"毕竟你只是像一个黑色的毛球。来吧，出来吧。"

无知的怪物完全走出来了，他们借着灯笼的光看清了它。它从头到脚长着黑色的毛发，它的手和腿都很短，也是毛茸茸的。现在，他们习惯了它的模样后，觉得它并没有很可怕。他们甚至想揉揉它，因为它让人不禁想起黑色的泰迪熊。

这个非常害羞的怪物慢慢地走近他们，步履蹒跚。"你好，"它轻声说道，"对不起，我把佩德罗抓住了，那是因为我感到太无聊了。"

"没事，我们原谅你了。"

阿尔贝托走向怪物并伸出了手，继续说道："我们用这样的方式打招呼，来，握手，"他示意说，"伸出你的手。"

这个毛茸茸的家伙伸出手，握住阿尔贝托的手。他们成了朋友！一切顺利！于是安德烈斯、法蒂玛和艾尔维拉也走近怪物，摸了摸它。它身上有很多毛，真的很柔软。佩德罗还是离它有点远。

"那我们出去吧？"校长问道。

"好吧，但别放开我的手，"怪物请求道，"我不知道外面有什么，我看不见东西，我害怕接触新的东西。"

"别怕，我们不会让你失望的。"法蒂玛向它保证。

所有人慢慢走到出口，阿尔贝托没有松开怪物的手。对于一直生活在黑暗洞穴中的怪物来说，现在马上进入一个光明的外部世界是很不容易的。就这样，他们到达了神奇洞穴的出口。

这是一次美妙的旅行！对于在考试中取得好成绩的孩子们来说，就是最佳的奖励！何况他们还带回来一只毛茸茸的怪物！

"我们已经出来了，怪物先生。"安德烈斯说，"请深呼吸，这里的空气清新，环境也好。"

"真的。"怪物感觉神清气爽，"这里空气真好，我感到很舒服，还有温暖。"

"那是因为阳光很充足，它们带来了热量。"艾尔维拉自豪地说，这是她刚刚学到的东西。

"外面的世界看起来是什么样子的？"怪物很想知道，"我没有视力，什么都看不到……"

"这里很棒，"法蒂玛解释道，"有很多美丽的东西值得欣赏。这里有潺潺的河流、繁茂的山脉，多样的动物，还有住着很多鱼儿的大海。我们栖息的地球是一个美丽的地方，是我们的家园，我们必须好好保护它。我最喜欢蓝天了，蓝天上有白云飘过。我们能够享受这么多的美好，并了解它们是如何运作的，真的很幸运。"

无知的怪物

"我无法看到它们，真是太遗憾了。"无知的怪物哀叹道，它摇晃着那满是长发的脑袋，又快要哭了。

此时，校长玛丽娅突然意识到了一件事，怪物的头上覆盖着很多头发，还有很长的刘海，它从未剪过头发，是不是长长的头发遮住了它的眼睛呢？这就是它看不见东西的原因吗？

"等一下，我带了一把大剪刀。"校长语气坚定地说道。

校长抓住怪物那长长的头发，开始像理发师一样给它剪头发，咔嚓、咔嚓、咔嚓，剪了后面又剪前面，最后怪物的额头露了出来。你们能想象它那些头发有多厚吗？其实它有两只正常的眼睛，这个可怜的怪物并没有瞎，它只是被头发遮住了眼睛，这就是它看不见东西的原因，它还以为自己是瞎子！唉，多傻啊！

当阳光照在它的脸上时，怪物很惊讶，它顿时感到眼花缭乱。它把小手放在脸上，揉了揉眼睛，觉得难以置信。它习惯了阳光之后，便开始高兴地跳起来。它不是瞎子！它能看到东西！是的，它能看到蓝天和白云，还有远处的山脉、河流、昆虫、鸟儿和花朵。这一切对它而言都是新鲜的。它特别高兴，蜷成一个球，开始来回滚动。每个人都欢呼着，觉得它很有趣。无知的怪物好奇地观看这外面世界的一切。

滚完几个圈后，这个毛茸茸的家伙拥抱了大家。它心怀感激，两只眼睛闪闪发光。

"你们是我第一次交到的朋友，"怪物说，"你们恢复了我的视力，还给了我了解一切事物的愿望。我永远不会忘记你们的，我保证。"

"我们也不会忘记你的，"阿尔贝托向它保证，"我们将为你找一所学校，那里有老师，还可以让你结识更多的朋友。如果你努力学习，也许有一天可以被称为智慧之王，而不是无知的怪物。"

听到这个，大家都开怀大笑起来。然后，他们手牵手，欢快地下山去。

校长玛丽娅怀里抱着佩德罗，小心地走着。在他们身后，那个神奇的洞穴等待着其他孩子的进入，到时将继续展示这些奇妙的场景。

这个五彩斑斓的、有着幸福结局的故事到这里就结束了！